SUPERサイエンス

貴金属の知られざる科学

C&R研究所

■本書について

●本書は、2019年11月時点の情報をもとに執筆しています。

●本書の内容に関するお問い合わせについて

この度はC&R研究所の書籍をお買いあげいただきましてありがとうございます。本書の内容に関するお問い合わせは、「書名」「該当するページ番号」「返信先」を必ず明記の上、C&R研究所のホームページ(http://www.c-r.com/)の右上の「お問い合わせ」をクリックし、専用フォームからお送りいただくか、FAXまたは郵送で次の宛先までお送りください。お電話でのお問い合わせや本書の内容とは直接的に関係のない事柄に関するご質問にはお答えできませんので、あらかじめご了承ください。

〒950-3122 新潟市北区西名目所4083-6
株式会社C&R研究所 編集部
FAX 025-258-2801
「SUPERサイエンス 貴金属の知られざる科学」サポート係

はじめに

貴金属は美しく希少で何物にも侵されない高貴な金属です。貴金属は持っている人を幸福にする不思議な力を秘めています。

一般に貴金属と言うと金、銀、白金(プラチナ)のことを言いますが、化学的にはこの3種の金属の他にルテニウム、ロジウム、パラジウム、オスミウム、イリジウムを加えた8種の金属を指します。これらの貴金属は化学的に安定であり、反応しにくい性質を持っています。そのため、他の元素に侵されることが無くなるのです。

しかし、最近になって貴金属も化学反応をすることがわかってきました。その結果、貴金属を使って抗ガン剤やリウマチ治療薬などが開発されています。また各種の触媒として現代科学の最先端分野で無くてはならない元素となっています。

本書は、私が先に上梓した『SUPERサイエンス 知られざる金属の不思議』『SUPERサイエンス レアメタル・レアアースの驚くべき能力』(C&R研究所)と姉妹関係にあります。この3冊を揃えると金属の全てがわかる仕組みになっています。

読者の皆様が金属のエキスパートになられることを祈っています。

令和元年11月

齋藤勝裕

CONTENTS

Chapter 1

貴金属の種類と性質

Chapter

貴金属の産出と歴史

CONTENTS

Chapter 3 金の性質

CONTENTS

Chapter

金と宝飾

CONTENTS

Chapter 5 銀の性質と宝飾

Chapter 6 白金の性質と宝飾

CONTENTS

Chapter

化学的貴金属の種類と性質

Chapter. 1
貴金属の種類と性質

SECTION 01

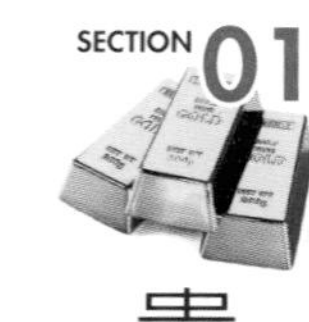

貴金属とは?

「貴重」な物と言われてまず思い出すのは宝石、貴金属、美術、骨董品ではないでしょうか? 次に「美しい」物と言われて思い出すのは宝石、貴金属、美術品でしょう。最後に「永久に変わらない物」と言われたら宝石、貴金属です。つまり、貴金属は宝石と並んで貴重で美しくて永久に変わらない物の代表なのです。

ここでは、「貴金属についてお話しする本」の導入部として、貴金属に関する常識的なことを眺めておくことにしましょう。

貴金属と卑金属

貴金属とは何でしょう? 言うまでもありません。貴い金属、価値のある金属のことです。江戸期以前の日本なら、貴金属と言えば金Au、銀Agの二種類の金属以外にありませんでした。しかし、それ以降は金、銀に並んで白金（プラチナ）Ptが入ってきました。現在ではプラチナの方が、金より上位のように扱われたりする場合もありますから、貴金属の世界も結構、世間の評価があるのかもしれません。

これら以外の金属、つまり、鉄Fe、銅Cu、スズSn、鉛Pb、亜鉛Znなど、いわば身の周りにある金属は押しなべて卑金属呼ばわりをされてしまいます。「貴」金属と「卑」金属、「貴い」金属と「卑しい」金属、これでは鉄や鉛があまりに気の毒ですが、それが現在の分類です。

●貴金属

貴金属のための三条件

それにしてもなぜ、これら三種の金属だけが貴金属なのでしょうか？　それはこれらの金属が「①美しい」「②希少である」「③変化しない」からです。

つまり、「美しく、希少で、変化しない」という三条件を満たしているのです。これが、貴金属であるための三条件なのです。

美しいとは言うまでもありません。美しい色彩で美しく輝くということです。希少というのは、めったにない、存在量の少ない金属ということです。そして変化しないと言うのは、化学変化しにくいということです。つまり、錆びたり、溶けたりしにく

●貴金属のための三条件

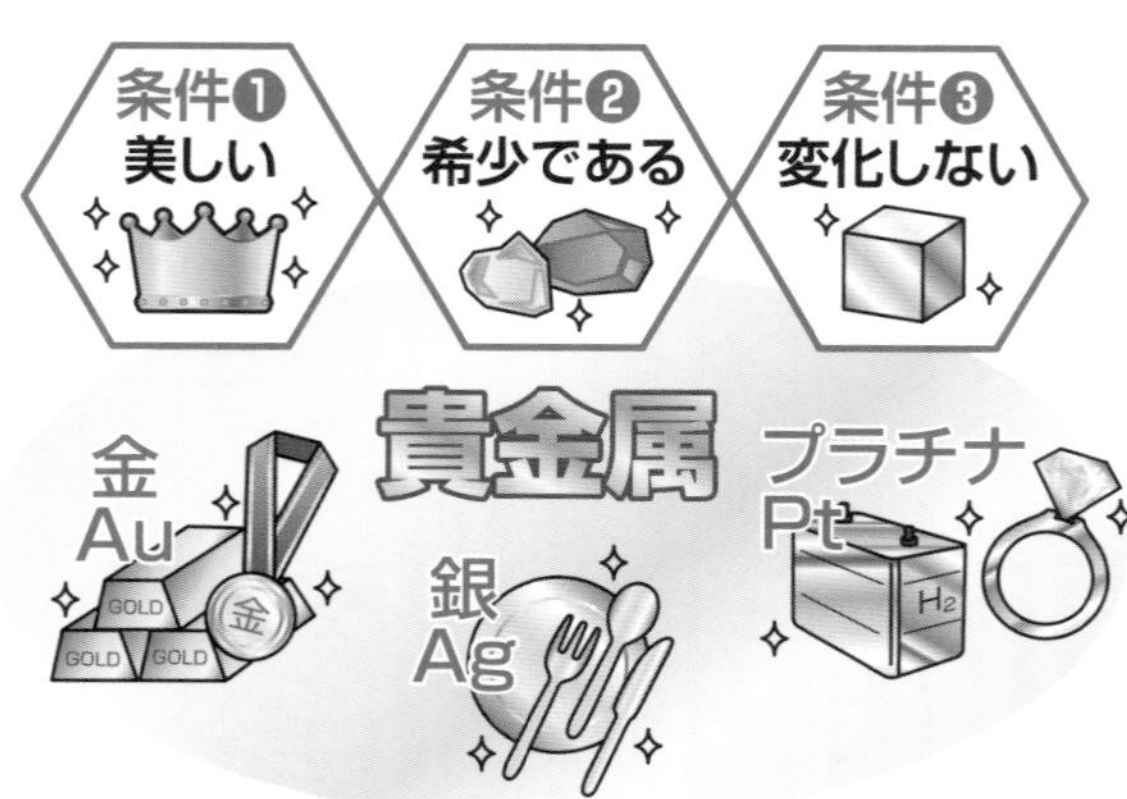

いと言うことです。そして逆に言えば、これらの3条件を満たす金属だけが貴金属と呼ばれ、他の金属は卑金属と呼ばれるのです。

それでは金、銀、プラチナ以外にも貴金属があるのでしょうか？　あります。それに関しては後ほどご説明しましょう。

貴金属の価格

貴金属と言う場合に気になるのは貴金属の価格ではないでしょうか。スーパーに並ぶ魚や野菜の価格は日々変動します。それを見て消費者が一喜一憂する様はニュースにも取り上げられるほどです。この様な価格を時価と言います。

貴金属の価格も日々変化する時価なのです。それどころか、株と同じように時々刻々変化します。

2019年11月の価格で、1g当たり、金＝5828円、プラチナ＝3679円、銀＝72円です。銀の価格を意外に思う方もおられるかもしれませんが、桁の間違いはありません。銀の価格はそれくらいのものなのです。

どうも日本人は銀の価格を高く見る癖があるようです。歴史的に銀が好きなのかもしれません。いぶし銀のような渋い男性は女性に好まれるようですが、キンキラキンな成金男は嫌われるどころか軽蔑されます。

ただし、時価は動きます。金の価格は2010年には3560円、2000年には960円でした。「あの時買って置けば良かった」と思うのは、いつだって何についても起こることです。怖いのは、時価は順当に上がり続けるとは限らないことです。時に暴騰、暴落することもあります。特に銀は価格が安いだけに大量に買占めることも可能であり、過去に何回か大暴騰しています。もちろんその後には必ず大暴落します。

ちなみに、40年ほど前に銀価格が10倍近く高騰したことがありました。当時大学の化学科では学生実験として硝酸銀$AgNO_3$を用いて試験管の内部に銀鏡を作る銀鏡反応をやっていました。しかし、硝酸銀の値段が高騰し、大学の予算では購入することができず、止む無く銀鏡反応を割愛したことがあります。

このとき、アメリカでは家庭にあった美しい純銀の食器が一斉に市場に出て、鋳潰されてインゴッド(延べ棒)にされたといいます。ちょっとした文化の破壊です。

SECTION 02

純粋貴金属

金製品と言えば金でできているに決まっていますが、実は「金」にもいろいろあります。お酒は水とアルコール（エタノール）の混合物ですが、アルコールの含有量は、日本酒の15度（15％）からウイスキーの45度（45％）、あるいは特殊なウォッカやアブサンのように70度（70％）を超す物までいろいろあります。

金も同じなのです。金１００％の純金から、いろいろの金属を混ぜた、純度50％を切る物まで各種揃っています。

物質には純粋な物と不純な物があります。金属も同様です。純粋と言うのは、その物質が単一種類の原子、もしくは分子からできていることを意味します。

単一種類の原子だけからできている物質と言うのは、身の周りにはあまり多くありません。固体ではありませんが、遊園地で売っている風船に入っている気体はほぼ純粋なヘリウムHe原子です。他に身の周りにある純粋原子といえば、金属です。鉄製の釘はほぼ純粋な鉄Fe原子ですし、家庭の電線に入っている赤い針金もほぼ純粋な銅Cuです。釣り道具店で売っている重くて軟らかい錘もほぼ純粋な鉛Pbです。

単一種類の分子だけでできた物質も多くはありませんが、水はほぼ純粋と言って良いでしょう。塩（塩化ナトリウム）、うま味調味料（グルタミン酸ナトリウム）や砂糖（スクロース）も純粋品と言って良いでしょう。

貴金属の金、銀、プラチナはいずれも単一種類の原子の集合体です。つまり純粋な物質です。これらの貴金属はそれ自体の力として、つまり、他の何物の力も借りずに、先の貴金属のための三つの条件を満たしているのです。

●金

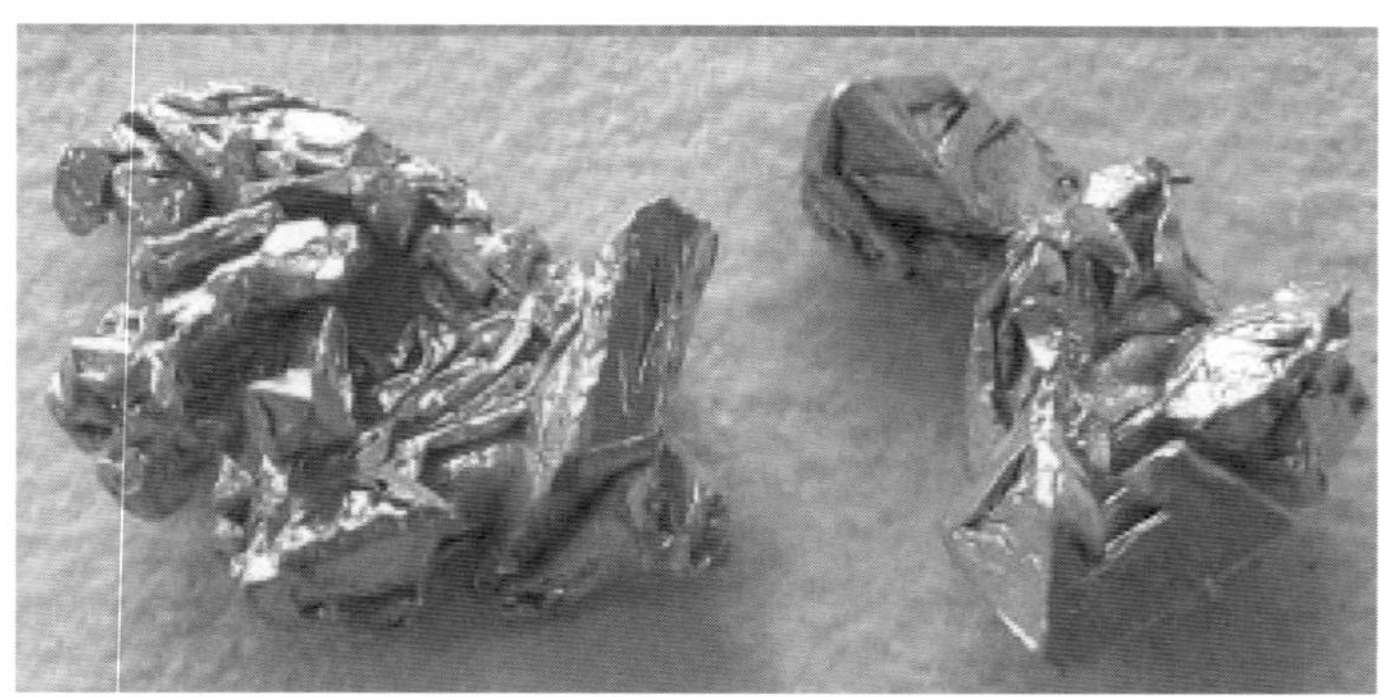

SECTION 03

合金の貴金属

一般の貴金属の中には、純粋な貴金属だけでなく、不純物を混ぜて水増しした貴金属もあります。いや、失礼ながら、宝石店に並ぶ貴金属の大部分は、このような不純物混じりの貴金属です。しかし、宝石店の名誉のために言っておくと、このような不純貴金属を作るのはそれなりの理由があるのです。決して水増しして儲けようと言う魂胆だけではありません。

ホワイトゴールド

宝石店に並ぶ貴金属は金、銀、プラチナだけではありません。ホワイトゴールドという物があります。ホワイトゴールドはその名前の通り、白い金属です。しかし銀やプラチナではありません。

ホワイトゴールドを素直に日本語に訳すと「白い金」つまり白金となりそうです。しかし白金の英語名はプラチナであり、ホワイトゴールドではありません。ではホワイトゴールドとは何でしょう？　ホワイトゴールドの日本名は「白色金」です。苦しい訳のようですが、意味は良く通る訳です。

ホワイトゴールドは金に銀やニッケルなどを混ぜた合金なのです。ホワイトゴールドは金の合金のうちで、色の白い物をいうのです。それでは白色や金色以外の色の金もあるというのでしょうか？　あります。青金(あおきん)、赤金(あかきん)などが良く知られています。金にいろいろの金属を混ぜることによって青味がかった金色、赤味がかった金色になるのです。

ホワイトゴールドも青金も赤金も貴金属として扱われますが、青金、赤金は日本画の顔料としても使われるので、これらの金を見たかったら宝石店に行くより、日本画の材料屋さんに行った方が確実に見ることができるでしょう。

●合金の品位

金、銀、プラチナと言う場合、本来は混じり物の無いそれぞれの金属の純粋品を言うはずです。ところが、いろいろの事情によって、不純物が混じったり、あるいは人為的に不純物を混ぜたりすることがあります。このよう場合、問題になるのは、その不純貴金属の中に入っている純粋貴金属の割合です。これをその不純貴金属の「品位」と言います。純粋貴金属の割合が多いほど高品位ということになります。

お手元に金製品があったら、その裏側、つまり、見えにくい所をあえて見てください。「K00」あるいは「00K」という刻印があるはずです。刻印が無かったら、金メッキか偽物の可能性があります。ご注意してください。

このKはカラットと呼びます。宝石の重さを表す記号Ctの読み方カラットと同じです。K（カラット）は金の品位、つまり割合を表す記号なのです。00は数字で、純金を24Kとします。もし18Kとあったら、18/24=0.75、つまり、75％だけが金であり、残りの25％は銀やニッケルなどの他の金属ということを表しています。14Kだったら金の含有量は58％にすぎません。日本の場合、貴金属がジュエリーとして認められるには85％以上の純度がなければならないといいます。

プラチナの場合にはPt1000とかPt800とかの刻印があります。三桁の数字はプラチナの含有率を‰パーミリ（千分率）単位で表した数字です。つまりPt1000＝100％、Pt800＝80％ということです。古い製品にはただPtとだけ打った刻印もありますが、それはその当時のプラチナ製品の品位が全て80％であったことによるものです。ですから、ただPtとあったらPt800と同じ意味です。

銀の表示法もプラチナと同様です。SV1000＝100％ということです。宝飾品や銀食器などの通常の銀製品にはスターリングシルバーと言う種類（合金）の銀が用いられていますが、その品位は一般に92・5％です。他にコインシルバーと言う品位表示もありますが、これは90％です。

貴金属に不純物を混ぜる理由

貴金属に不純物を混ぜる理由は二つあります。一つは貴金属製品の価格を下げることです。金はグラム5000円もする高価な金属です。銀はグラム70円しかしません。金に銀を混ぜて、その色や輝きがあまり違わないのなら、合金にした方がお客さんに安く売ることができます。お客さんも喜ぶでしょう。

もう一つは、貴金属の硬さです。金は非常に軟らかい金属です。見苦しいのでやめてもらいたいのですが、いろいろの競技会で金メダルを取った選手がメダルを噛んだ写真が出ています。これは、江戸時代、小判の真贋を見極めるために噛んだことの名残と言います。つまり、本物の(金の)小判は噛むと歯形が残りました。それだけ金は軟らかいのです。

しかし、現代の金メダルは、オリンピックの金メダルですら、銀に金メッキしたものです。無理に噛んだらメッキが剥がれてしまうかもしれません。オリンピック委員会に頼んでも、多分メッキの掛け直しはしてくれないでしょう。

つまり、純金24Kのネックレスを作ったら、最初はキラキラ輝いていても、使い込むうちに洋服に擦れて傷だらけになり、輝きが失せてしまいます。そのために、合金にして硬度を増しているのです。かつて、万年筆のペン先は14Kが大半でした。これは、これ以上金を増やすとペン先の減りが速く、一方、金を減らすと滑らかさが失われると言うギリギリの選択だったのです。

しかし、現代では純金を放射線処理することによって表面硬度を上げることができるそうですので、その様な処理をした物ならば問題ないでしょう。

SECTION 04

美しい卑金属と美しくない貴金属

貴金属の条件の一つは美しいということでした。しかし、ただ美しいということなら、卑金属の中にも、貴金属に負けないくらい美しい物があります。反対に、貴金属なのに美しくないものもあります。

貴金属のように見える卑金属

貴金属の代表とも言うべき金は、言うまでも無く金色に輝く美しい金属です。黄色と金色の区別は難しいですが、輝く黄色が金色と考えて良いでしょう。

金色に輝く金属は他にもたくさんあります。銅CuとスズSnの合金であるブロンズは、普通は奈良の大仏のようにチョコレート色ですが、錆びると鎌倉の大仏のように青くなることから日本では青銅と呼びます。しかし、金属の配合割合によっては白色や金色になります。

ドアノブには金色に輝く物がありますが、あれは多くの場合、銅と亜鉛Znの合金で真鍮（黄銅、ブラス）と呼ばれます。ブラスバンドの楽器が金色なのは楽器がブラスでできているからです。最近はアルミニウムAlやステンレス（鉄Fe、クロムCr、ニッケルNiの合金）の表面を特殊加工して、本物の金より金色に輝かせた物も出ています。あまりにキラキラしてかえって安っぽく見えることもありますが。

それではこれら、金以外の金色金属は貴金属と呼ばれることは無いのでしょうか？残念ながら、ありません。貴金属と言う限り、ある割合以上の貴金属、つまり金、銀、プラチナを含んでいなければなりません。

金属の多くは輝く白色ともいうべき銀色です。鉄だってスズだって磨けば銀やプラチナと同様に美しく輝きます。しかし貴金属ではありません。それは先の「②希少である」「③変化しない」の条件を満たさないからです。つまり、ありふれた金属であり、放っておけばやがて錆びて変化し、輝きを失ってしまうからです。

卑金属のように見える貴金属

貴金属の条件に美しいことがあげられますが、全ての貴金属は果たして美しいのでしょうか?

白く輝く銀製品を長期間空気中に放置すると、表面が黒くなってしまいます。温泉街などに持って行ったら数時間で黒くなりかねません。温泉に漬けたらイチコロです。これは空気中、特に温泉街の空気中に高濃度で漂う硫化水素H_2Sなどと銀が反応して、硫化銀AgSとなって黒くなったのです。しかし、最近の銀製品は表面をロジウムRdなどでメッキしたり、プラスチックでコーティングしたりしてありますので、黒くなりにくくなっています。

金を液体金属である水銀に入れると、溶けて泥のような物になります。およそ、美しいと言うような物ではありません。これは金と水銀の合金(金アマルガム)ができたからです。昔はこのアマルガムを使って金メッキを行っていましたがそれについては後の章でご説明しましょう。

SECTION 05

宝飾的貴金属と化学的貴金属

貴金属と言えば金、銀、プラチナと言いたくなりますが、実はこれら以外の貴金属もあります。金、銀、プラチナ以外の貴金属は街の宝石店に並ぶことはありませんが、先に見た貴金属のための三条件を満たしており、科学的に貴金属と認められたものばかりです。

宝飾的貴金属

宝石店に並ぶ貴金属は品位はともかくとして、金、銀、プラチナおよびその合金類です。この様な貴金属はリングやネックレスなど、身を飾る宝飾品、高級腕時計、あるいは各種置物、仏具など主に宝飾品に加工されたものです。そこで、この様な貴金属を宝飾的貴金属と呼ぶことにします。

●化学的貴金属

金属の中には貴金属のための三条件を満たしている金属がいくつかあります。それは後に見る周期表において8、9、10、11族に属する元素で、更に第5、第6周期に属する元素、合計8元素です。これらの原子の名前と原子番号はルテニウムRu(44)、ロジウムRh(45)、パラジウムPd(46)、銀Ag(47)、オスミウムOs(76)、イリジウムIr(77)、プラチナPt(78)、金Au(79)です。

このうち、11族に属する金と銀を除いた6元素、すなわち8、9、10族に属する元素は白金族と呼ばれ、白金、プラチナと性質がよく似ていることが知られています。

このほかに、化学的性質が安定ということを考慮して銅Cuと水銀Hgを含めることもあります。これらの貴金属は宝飾的貴金属に対して化学的貴金属と呼ばれることもあります。

SECTION 06

原子構造

金、銀、プラチナというと、金属の中でも別格な金属と思ってしまいがちです。しかし、前で見た貴金属の三条件、つまり貴金属を他の金属と区別する条件、「①美しい」「②希少である」「③変化しない」を考えると科学的と言えるものは③だけです。①、②は見る人の印象、あるいはその時代の資源状況次第です。

つまり、美しいか美しくないかは見る人の好みです。金を安っぽい成金趣味と見る人は、少なくとも日本人には少なくないでしょう。金が希少なのは間違いないでしょうが、その埋蔵量は国や地方によって違います。また同じ国でも時代によって変わります。金の原子としての本質にかかわる問題ではありません。

つまり、貴金属と言えど、金属の一種であることに変わりは無いのです。貴金属の性質、特殊性を理解するためには、貴金属の元素、原子としての性質を理解する必要があります。

ここでは、原子の構造、性質を、貴金属の性質を理解するために必要な限度に絞って見ていくことにしましょう。

原子を作るもの

金や鉄のような金属原子も、水素や炭素のような非金属原子も、原子の構造は全く同じです。

原子は雲でできた球のような物です。雲のように見えるのは電子雲であり、電子雲は何個かの電子からできています。電子は記号eで表され、1個の電子の電荷は－1(単位)、質量(重さ)は0、つまり無視できるほど小さいです。

電子雲の中心には非常に小さくて非常に重い(密度が大きい)粒子、原子核が存在します。原子核の直径は原子直径の1万分の1。つまり、原子の直径を100m

●原子の構造

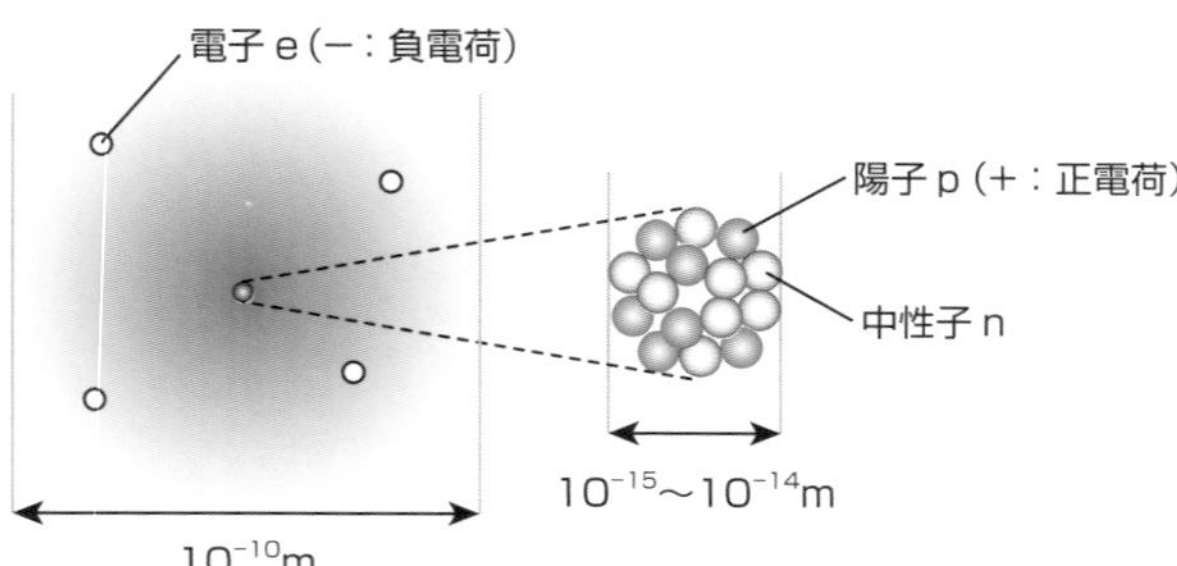

とすると、原子核の直径はわずか1㎝になります。ところが、原子の重さの99・9％はこの原子核にあるのです。

原子核を作る物

原子核は極小の粒子ですが、実は2種類の粒子の集まりです。一つは陽子であり、記号はpです。陽子の質量は1（質量数）であり、電荷は＋1（単位）です。もう一つは中性子であり、記号はn、質量は1（質量数）で、電荷はありません。

原子番号、質量数

原子の原子核を構成する陽子の個数を原子番号（記号Z）と言います。一方、陽子の個数と中性子の個数の和を質量数（記号A）と言います。つまり、原子番号Zの原子は原子核にZ個の陽子を持

●原子の質量数

	名称		記号	電荷	質量数
原子	電子		e	−e(−1)	0
	原子核	陽子	p	+e(+1)	1
		中性子	n	0	1

つので、原子核全体の電荷は＋Nとなります。

ところが、原子番号Zの原子はZ個の電子を持ちます。したがって、原子核の電荷＋Nと電子雲の電荷－Nが相殺された結果、原子は全体として電気的に中性となります。

原子の重さを表す量として原子量が定義されています。つまり、原子量の大きい原子ほど重いのです。原子量は簡単に言えば質量数とほぼ同じと考えて良いでしょう。

●原子と元素

化学を専門とする方以外の方にとって、原子と元素の違いに神経質になる必要は全くありません。実際、同じような意味で使われることが多いです。違いは、原子1個1個を問題にする場合は「原子」と言い、同じ種類の多くの原子をひとまとめにして指す場合に「元素」を用います。

「太郎君、花子さん」のような個人の行動を問題にする場合は「原子」、ひっくるめて「日本人」の性質を問題にする場合は「元素」と言います。したがって、水素原子の反応、水素原子の直径と言いますが、水素元素の反応、水素元素の直径とはいいません。

周期表

周期表は、化学の教科書ならどのようなものにでも必ず載っているものであり、その意味で見慣れてしまったどころでなく、見飽きてしまったと思う方もおられるでしょう。しかしそれでも、周期表は価値ある表です。

周期表とカレンダー

周期表は原子を原子番号Zの順に並べて、適当なところで折り曲げた物です。その意味でカレンダーに似ています。

カレンダーは一月の日にちを大きさの順で並べ、7日毎に折り曲げた物です。カレンダーの上部には左から順に日、月、火、・・・と曜日の記号が付けられ、同じ曜日に属する日には似た生活が待っています。つまり、「日」の下に並ぶ日にちは全て日曜日とされます。日曜日は学校も会社も休みでハッピーな日です。しかし「月」の下に並ぶ日にちは月曜日で学校や会社が始まるブルーな日です。

族番号と周期番号

周期表も同じです。周期表の最上部には左から順に1、2、3、・・・18の数字が並んでいます。これは族番号と言われ、カレンダーの曜日と同じ意味を持ちます。つまり、族番号1の下に並ぶ原子は1族原子と呼ばれ、全て似た性質を持ちます。2族原子も15族原子も同じです。したがって、ある原子が何族原子かがわかれば、その原子のおよその性質、反応性を推察することができるのです。

周期表の左端には上から順に1～7の数字が振ってあります。これは周期番号と言われ、例えば数字3の横に並ぶ原子は第3周期元素と言われます。周期は原子の大きさ、つまり電子雲の直径を表します。周期番号の大きい原子、つまり、周期表の下方にある原子ほど大きいことになります。

貴金属の位置

貴金属が周期表のどこにあるかを見ておきましょう。銀は第5周期の11族、プラチナと金は共に第6周期であり、それぞれ10族、11族になっています。金と銀は共に11族と同じ族にあることから、両者の性質が似ていることが納得させられます。

実は貴金属には、ここで見ている宝石店に並ぶ宝飾的貴金属の他に、化学的に選定された貴金属、いわば化学的貴金属と言われる物があります。それは第5、第6周期の8〜11族元素、つまりルテニウムRu、ロジウムRh、パラジウムPd、銀Ag、オスミウムOs、イリジウムIr、プラチナPt、金Au

●周期表

□非金属　□金属　■貴金属

	1	2	3	4	5	6	7	8	9	10	11	12	13	14	15	16	17	18
1	H																	He
2	Li	Be											B	C	N	O	F	Ne
3	Na	Mg											Al	Si	P	S	Cl	Ar
4	K	Ca	Sc	Ti	V	Cr	Mn	Fe	Co	Ni	Cu	Zn	Ga	Ge	As	Se	Br	Kr
5	Rb	Sr	Y	Zr	Nb	Mo	Tc	Ru	Rh	Pd	Ag	Cd	In	Sn	Sb	Te	I	Xe
6	Cs	Ba	Ln	Hf	Ta	W	Re	Os	Ir	Pt	Au	Hg	Tl	Pb	Bi	Po	At	Rn
7	Fr	Ra	An	Rf	Db	Sg	Bh	Hs	Mt	Ds	Rg	Cn	Nh	Fl	Mc	Lv	Ts	Og

ランタノイド(Ln)	La	Ce	Pr	Nd	Pm	Sm	Eu	Gd	Tb	Dy	Ho	Er	Tm	Yb	Lu
アクチノイド(An)	Ac	Th	Pa	U	Np	Pu	Am	Cm	Bk	Cf	Es	Fm	Md	No	Lr

の8元素であり、宝飾的貴金属を含みます。

このうち、金と銀を除いた6元素は白金族元素と言われ、性質が良く似ていることがわかっています。この様に、性質の似た元素は周期表の同じような位置にあるのです。

SECTION 08

金属原子と非金属原子

元素には金属元素と非金属元素があります。もちろん貴金属元素は金属元素に含まれます。

種類の多さの違い

非金属元素は先の周期表でグレーを施した物です。つまり、水素Hを除くと全て周期表の右上に固まっています。その個数は全部で22種類です。

周期表には全部で118種類の元素が載っていますが、地球上の自然界に存在するのは原子番号92のウランまでです。それ以上原子番号の大きい物は原子炉などを使って人工的に作るので超ウラン元素と呼ばれます。

したがって、金属元素の種類は118－22＝96種類（81％）、自然界にある元素で見ると92－22＝70種類(76%)と、非金属元素に比べて圧倒的に多いことがわかります。

●状態の違い

固体(結晶)、液体、気体などを物質の状態と言います。非金属元素にはいろいろの状態の物があります。常温常圧で見ると、水素H、酸素O、窒素Nなどの気体元素、臭素Brのような液体元素、ホウ素B、炭素C、硫黄Sなどの固体元素があります。

ところが、金属元素は全てが固体元素です。たった一つの例外が液体の水銀Hg(融点マイナス38・9℃)です。ただし融点が低い金属元素もあります。フランシウムFr(27℃)、ガリウムGa(28℃)、セシウムSc(28℃)などは夏の暑い日には融けて液体になっています。ルビジウムRb(39℃)も液体になることがありそうです。

どのような金属も、高温に加熱すれば全て融けて液体になります。固体が液体になる温度を融点と言います。そして更に加熱して高温にすると蒸発して気体になります。液体が気体になる温度を沸点と言います。

鉄だって1536℃で融けて液体になり、2862℃で蒸発して気体になります。

水銀は357℃と言う低温で気体になります。昔は水銀のこの性質を利用して金メッキを行ったのですが、それについては後の章で見ることにしましょう。

貴金属元素は全てが常温で固体です。その融点（mp）と沸点（bp）は金がmp=1064℃、bp=2807℃、銀がmp=961℃、bp=2163℃で、まずまず似た温度です。ところがプラチナはmp=1772℃、bp=3827℃と大変に高くなっています。これが近世のヨーロッパでプラチナが貴金属と認められなかった原因になるのです。

金属結合

金のリングは金の原子でできていますが、この原子は互いに結合しています。結合にはいろいろの種類がありますが、金属原子の作る結合を特に金属結合と言います。

価電子

先に原子が電子を持っていることを見ました。実は、この電子の中で特に重要な電子があります。それは価電子と呼ばれ、各原子が固有の個数だけの価電子を持っています。貴金属原子でその個数を見ると、金＝1個、銀＝1個、プラチナ＝1個と、貴金属原子の価電子は全て1個となっていますが、それ以外ではアルミニウム＝3個、鉄＝2個などとなっています。

金属原子は結合を作るとき、この価電子を放出してプラスに荷電した金属イオン

M^{n+}となります。また、金属原子から放出された電子（価電子）は名前を変えて自由電子と呼ばれます。

自由電子

固体金属において金属イオンは三次元に渡って整然と積み重なります。その金属イオンの間を自由電子でできた電子雲が満たします。

金属イオンはプラスに荷電し、電子雲はマイナスに荷電しています。プラスとマイナスの電荷の間には静電引力と言う引力が働きます。

この結果、金属イオンと電子雲は引き合うことになります。すると「金属イオ

●金属イオンと自由電子

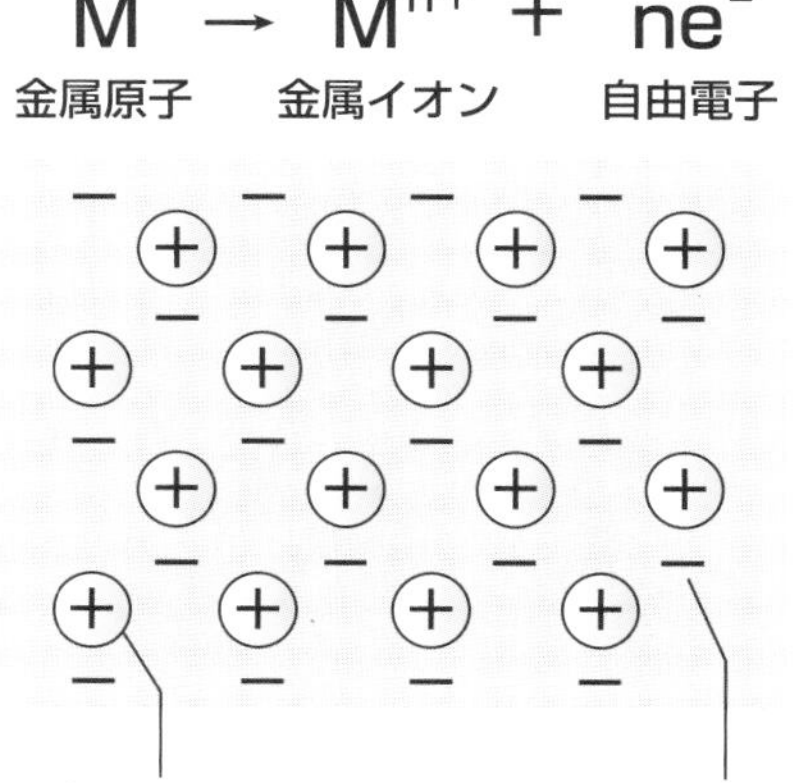

ン⇕電子雲⇕金属イオン」と引き合うことになって、結果的に金属イオン間に引力が働くことになります。

これは水槽の中に木製のボール（金属イオン）を積み上げ、その中に木工ボンド（電子雲）を流し込んだ状態に例えることができます。これが金属結合なのです。

●結晶とアモルファス

金属は固体です。固体には実は幾つもの種類があります。典型的な固体は結晶です。結晶では、結晶を構成する原子や分子が三次元に渡って規則正しく積み重なっています。

結晶の典型は水晶です。これは1個の水晶全てが1個の結晶で、このような結晶を単結晶と言います。金属も結晶ですが、単結晶ではありません。金属を顕微

●結晶とアモルファス

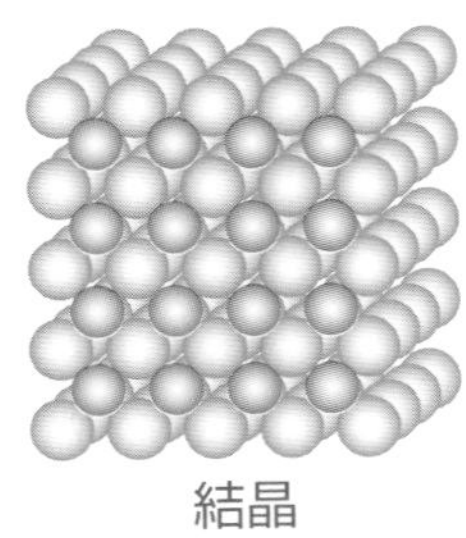

結晶

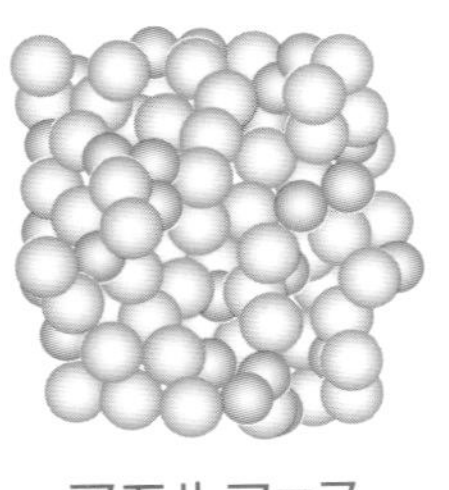

アモルファス
（ガラス）

鏡で見ると、細かい結晶がたくさん集まった物であることがわかります。この様な結晶を多結晶と言います。

氷を加熱すると0℃（融点）で融けて流動性のある液体の水になります。そして水を冷やして0℃にすると固まって元の氷になります。同じように、二酸化ケイ素SiO_2の結晶である水晶を加熱すると、融点で融けて流動性のある液体になります。

しかし、これを冷却しても元の結晶の水晶にはなりません。ガラスになります。ガラスは結晶ではありません。ガラスを構成する成分(二酸化ケイ素SiO_2)は規則性の全くない状態で集まっています。この様な物を非晶質固体、アモルファスと言います。つまり、アモルファス、ガラスは流動性を失った液体なのです。

結晶構造

金属イオンは球と考えることができます。球が三次元に渡って規則的に積み重なる方法には何種類かありますが、金属結晶の場合には、三種類の方法で積み重なります。これを単位格子と言い、次ページの図に示した面心立方構造(立方最密構造)、六方最密構造、体心立方構造があります。二つの最密構造は、球が空間にこれ以上無理なほどビッシリ詰まった状態であり、空間の74％を球の体積が占めます。一方、体心立方構造は幾分緩やかな詰め方であり、球の占める体積は68％です。

左図は、どのような金属がどのような詰まり方をしているかを表したものです。二種類の図が重なっている金属は、温度によって異なった単位格子となるものです。

宝飾的貴金属の単位格子を見ると、金、銀、プラチナ共に全て面心立方構造となっています。範囲を広げて化学的貴金属の8元素を見ると、6元素が面心立方構造であり、ルテニウムとオスミウムだけが六方最密構造となっています。いずれにしろ、空間にビッシリと金属イオンが積み重なった構造になっているのです。

●金属原子の結合

六方最密格子

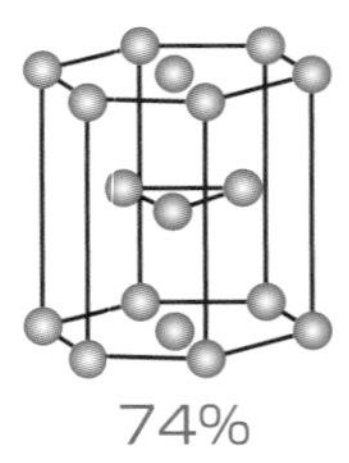

74％

面心立方格子
（立方最密格子）

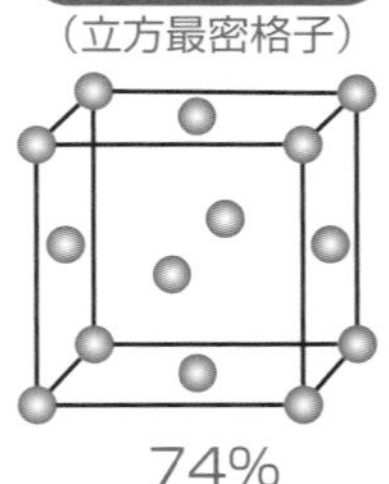

74％

体心立方格子

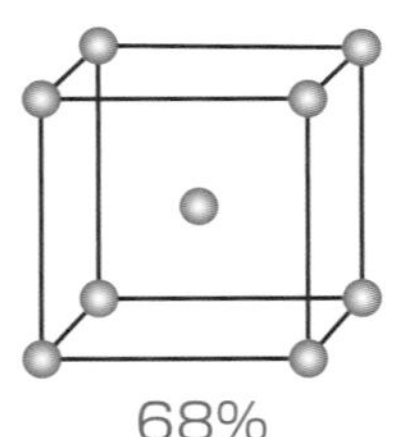

68％

コラム スズペスト

1812年、ナポレオンは70万とも言われる大軍を率いてロシア遠征を行いました。しかし広大なロシアを首都のサンクトペテルブルグめがけて進軍するうち、兵站は滞りがちになり、ロシアの冬将軍が襲いということで兵士の士気は落ちていきました。洒落者のフランス兵は軍服のスズボタンを磨いて自慢し合うのを慰めにしていました。

その様な時にスズがボロボロと崩れ始めたのです。これはロシア軍が撒いたバイキンのせいだ。フランス軍にその様な噂が広がり、動揺が一期に広がりまし

●主な金属の結晶形

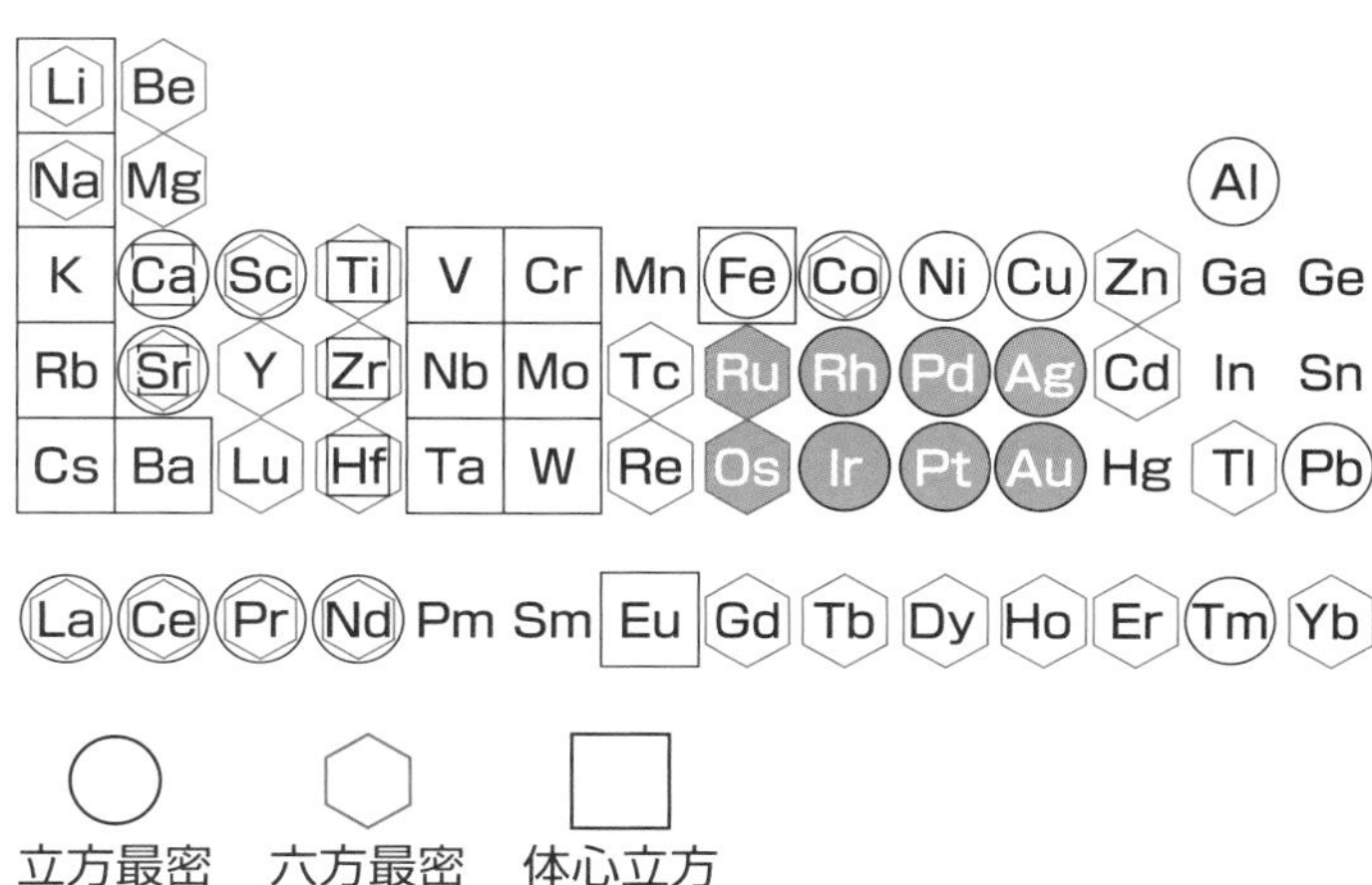

た。結局フランス軍は大きな戦闘も無いまま敗北を重ね、退却を続けてフランスにもどった時には兵力は1万足らずに減っていたと言います。実はこれは病気でもバイキンのせいでもなくスズペストといわれる現象だったのです。

スズは温度によって結晶形を変えます。160℃以上ではγ（ガンマ）スズ、常温ではβ（ベータ）スズですが、マイナス数十℃の低温になるとα（アルファ）スズとなり、体積が増加するのです。そのため、スズはカサブタを張ったようになって、やがて崩れてゆきます。この状態を、病気に見立ててスズペストと言います。

●スズペストの現象

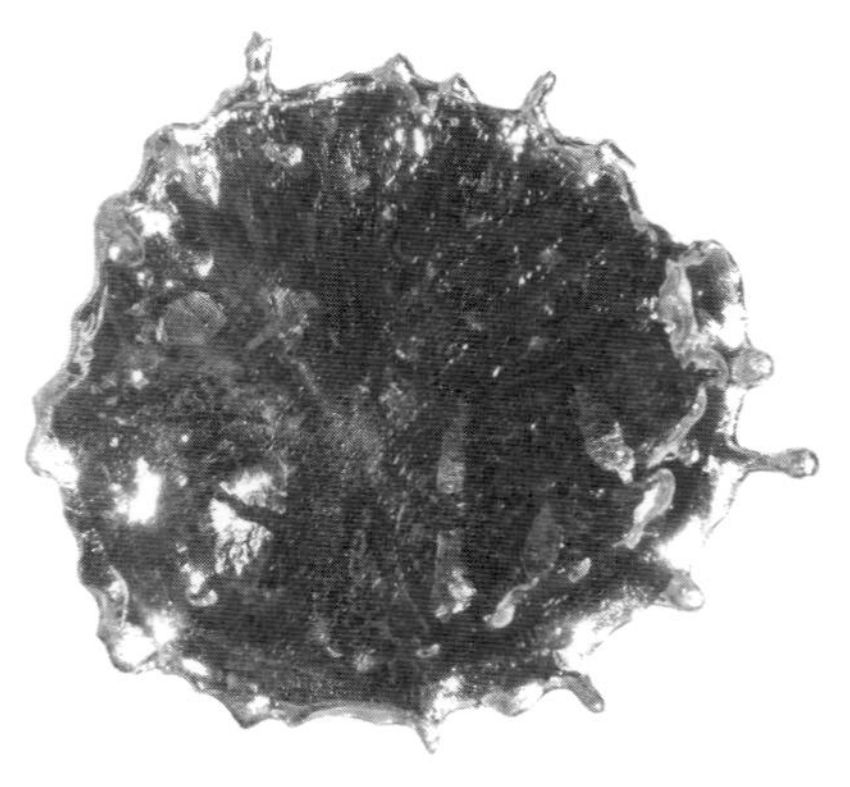

金属の条件

元素は金属元素と非金属元素に二大別されることを見ました。金属元素と非金属元素を分ける条件とはどのような条件なのでしょうか?

三つの条件

金属元素とされるためには、満足しなければならない条件が次の三つあります。

❶金属光沢
❷延性、展性
❸電気伝導性

一見してわかるように、これらの条件には数値的な裏付けがありません。金属光沢と言っても、どの程度光れば金属なのか明確でありません。延性、展性も同様です。電気伝導性など、金属の中にだって、高い物もあれば低い物もあります。このような曖昧な条件では、金属かどうかを決めるのは困難です。

実は、この条件で金属かどうかを決めることは無いのです。金属か非金属かは、このような条件が決まる前から決まっていたのであり、この三条件は後出しジャンケンのようなものなのです。

条件の意味

とはいうものの、全ての金属がこの三条件をそれなりに満足しているのは確かです。それぞれの条件はどのようなものなのか見てみましょう。

❶金属光沢

金属が持つ特有の輝きを言います。金属の新しい切断面は、多くの場合、銀白色に輝いています。

これは金属結合に関与した自由電子によって説明されます。金属結晶の内部には自由電子がたくさん存在するので、互いの電子の間に静電反発が生じ、電子は結晶の表面に集まってきます。ここに光が来ると、光の光子と電子の間に反発が起き、光が追い出されます。この反射光が金属光沢の原因と考えられています。

❷ 延性、展性

延性と言うのは金属を引き延ばして針金にすることを言います。展性と言うのは金属を叩いて広げて箔にすることを言います。これも金属結合の結果です。

金属と同じように結晶構造をとっている塩(塩化ナトリウム)の固体を引き延ばすことはできません。当然、塩の針金は存在しません。塩を叩いたらバラバラと崩れます。箔になることはありえません。

塩NaClの結晶はナトリウムイオンNa^{+}と塩化物イオンCl^{-}が交互に並んで結合したイオン結合でできています。この結晶を、次の図の点線に沿って1原子分ずらしてみましょう。それまで+イオンと−イオンが向き合って平穏に結合していたものが、突如+イオンと+イオン、−イオンと−イオンが向き合い、静電反発がむき出しになります。この様な危険な状態変化が起こるはずはありません。

　ところが金属結合でできた結晶に同じことをやってみましょう。金属イオンをどのように動かそうと、金属イオンと金属イオンの間には－に荷電した電子雲が緩衝材のように存在します。この様な理由のために金属は軟らかく、延性、展性に富むのです。

　金、銀、プラチナの貴金属は金属の中でも延性、展性に優れていることが知られています。

❸電気伝導性

　物質には電気を通す物と通さない物があります。通さない物を絶縁体、通す物を良導体、その中間の物を半導体と言います。金属は良導体です。

●金属と食塩の結合様式

（イオン結晶）

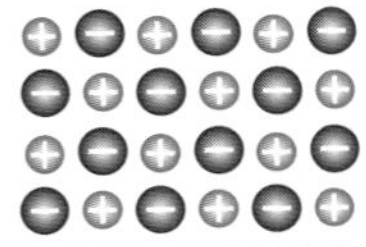

陽・陰イオン間で安定

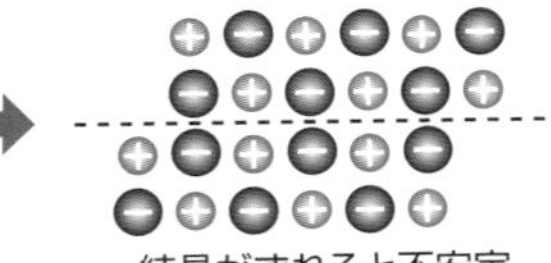

結晶がずれると不安定

金属の場合

（金属結晶）

自由電子を介して安定

結晶がずれても安定

中でも銀は最も伝導性の高い物質として知られています。

電流と言うのは電子の流れ（移動）です。電子が地点Aから地点Bに移動したとき、電流はBからAに流れたと定義されます。したがって、伝導度の高い物質と言うのは電子が移動しやすい物質ということになります。金属の中にはたくさんの自由電子が存在します。これが移動するのですから金属の伝導度が高いのも当然と言えるでしょう。

ところで、自由電子が移動する時には金属イオンの脇をすり抜けるようにして移動します。金属イオンがおとなしくしていてくれれば良いのですが、騒いだ日に脇を通るのは大変です。金属イオンは物質です。全ての物質は温度が高くなると動き出して振動します。

つまり、金属の伝導度は高温になると低下し、低温

●伝導度

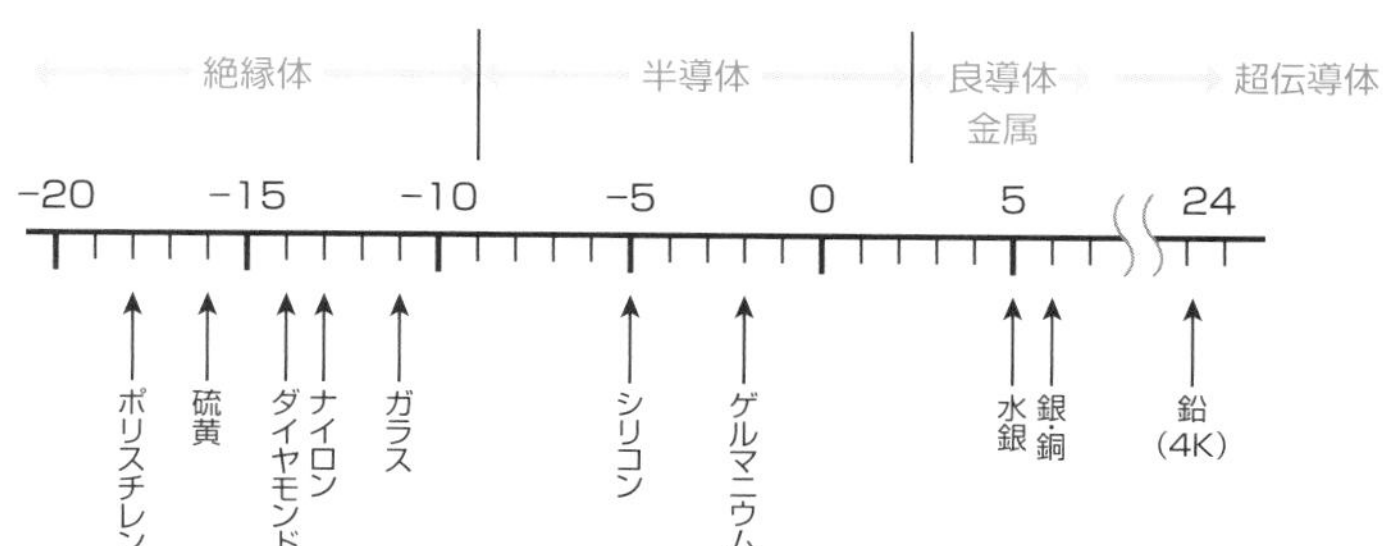

になると上昇するのです。そして、ある温度になると突如伝導度が無限大になります。つまり電気抵抗が０になります。この温度を臨界温度、この状態を超伝導状態といいます。超伝導状態ではコイルに大電流を流しても発熱しません。つまり超強力な電磁石を作ることができます。この磁石は超伝導磁石と呼ばれ、脳の断層写真を撮るＭＲＩやリニア新幹線を磁石の反発力で浮かせるなどとして利用されています。

しかし、一般に伝導度の高い金属は超伝導性を示さず、貴金属の超伝導体は難しいようです。ところが最近、金の化合物$SrAuSi_3$が超伝導体になることが発見されました。将来的には貴金属の超伝導体が実用化されることがあるかもしれません。

●超伝導性

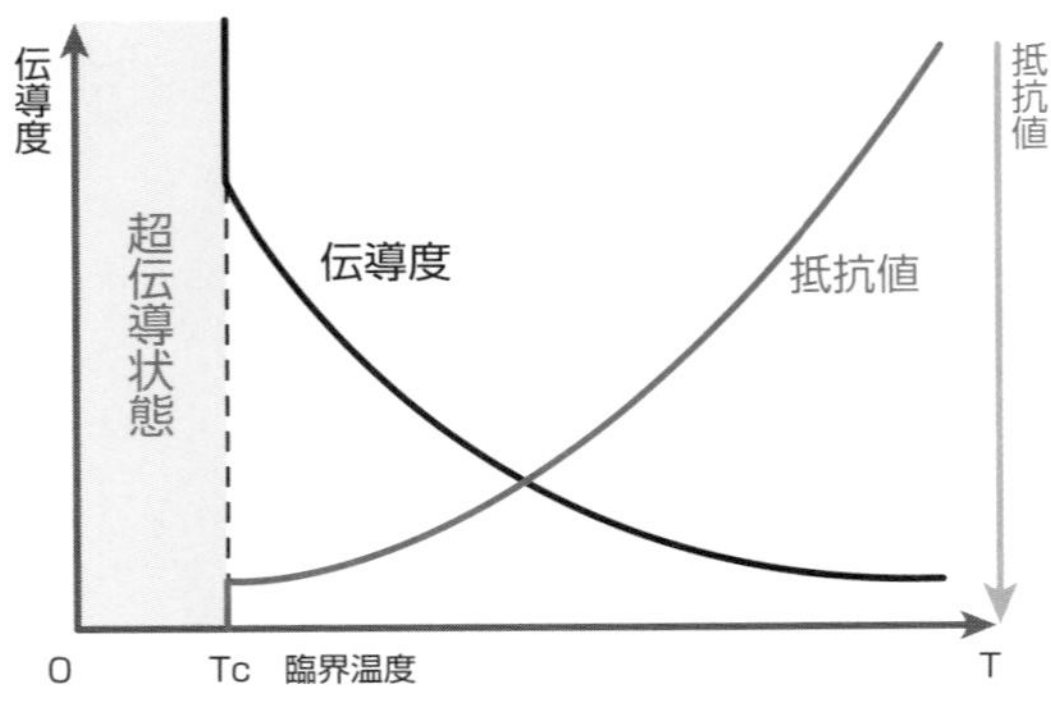

Chapter.2 貴金属の産出と歴史

SECTION 11

貴金属の産出量

貴金属の条件の一つは希少性です。貴金属の地殻における存在量は少なく、しかも存在する地域は限定されています。

金の埋蔵量

これまで人類が採掘してきた金の総量は約18万トンと言われます。金の比重は19・3なので、この量は体積に直すとオリンピック公式競技用プール約3・8杯分の量になります。

金にも化石燃料と同じように可採埋蔵量が計算できますが、それによると20年足らずですから、ほぼ30年といわれる石油や天然ガスより少ないことになります。これは地殻に存在する採掘可能な金の量(埋蔵量)が約5万トンに過ぎず、現在は年間約

３０００トンのペースで採掘されていることから計算されたものです。つまり、このままの状態で採掘が続けば、20年足らずで枯渇してしまうということになります。

しかし、採掘できるかどうかはともかくとして、地球上に存在する金の総量を考えるとそれほど悲観したものでもありません。海水には非常に薄い濃度ではありますが金が含まれています。濃度は薄いですが、海水の量は膨大です。試算によると海水に含まれる金の総量は５００万トンとも50億トンとも言われます。

海水から金を取り出すには、クラウンエーテルと言う化学物質を使えば可能です。その技術は実験室的には完成の域に達しています。問題はコストです。将来、金の価格が上がり技術革新が進めば、海水から金を取りだすことも実現性を帯びて来るでしょう。

金の産出量

２０１７年の国別の金の産出量は次の通りです。

・1位　中国……………約440トン
・2位　オーストラリア……約300トン
・3位　ロシア……………約255トン
・4位　アメリカ合衆国……約245トン
・5位　カナダ……………約180トン

2017年の世界全体の金産出量は約3150トンで、10年前と比べると770トンほど増加しています。10年前には南アフリカが世界一の金産出国でしたが、最近は国内情勢や電気供給の不安定化、鉱山施設の老朽化などが原因で減少傾向です。代わって躍り出たのが中国で、2007年から世界最大の金産出国となっていますが、その産出量は年々増加傾向にあります。

銀の産出量

銀の産出量の多い国はメキシコです。それに次ぐのが資源に恵まれた中国です。産出量は1位のメキシコと肩を並べるほどです。3位がペルーで、これも大口の産出国です。4位、5位はオーストラリアとロシアですが、上位三カ国に比べると産出量は落ちます。

- 1位　メキシコ……………約4150トン
- 2位　中国…………………約3700トン
- 3位　ペルー………………約3414トン
- 4位　オーストラリア……約1725トン
- 5位　ロシア………………約1350トン

プラチナの産出量

プラチナ産出量が世界一の国は南アフリカです。2011年の総産出量は138トンほどで、世界全体の産出量の約4分の3を占めるダントツの1位です。

南アフリカのブッシュフェルトにある東西400㎞、南北300㎞という広大な岩体の中に、プラチナなどを多く含む数十センチの地層が発見されたせいのようです。

今後も南アフリカの優位は変わらないのではないでしょうか。

2位はロシアです。産出量は24トンほどですが、世界全体でのプラチナの産出量は約188トンですから、南アフリカとロシアで世界の産出量の約90%を占めているということになります。そして3位以下は、ジンバブエが全体の5%、カナダは3%、アメリカ2%と続いています。

コラム レアメタル・レアアース

金属の中にレアメタル（希少金属）やレアアース（希土類）と呼ばれるものがあります。レアメタルは全部で47種類ありますが、その中の特殊な物が特にレアアースと呼ばれ、全部で17種類あります。ですから、レアアースはレアメタルの一部なのです。

レアアースに指定されるには条件があります。

●レアメタルとレアアース

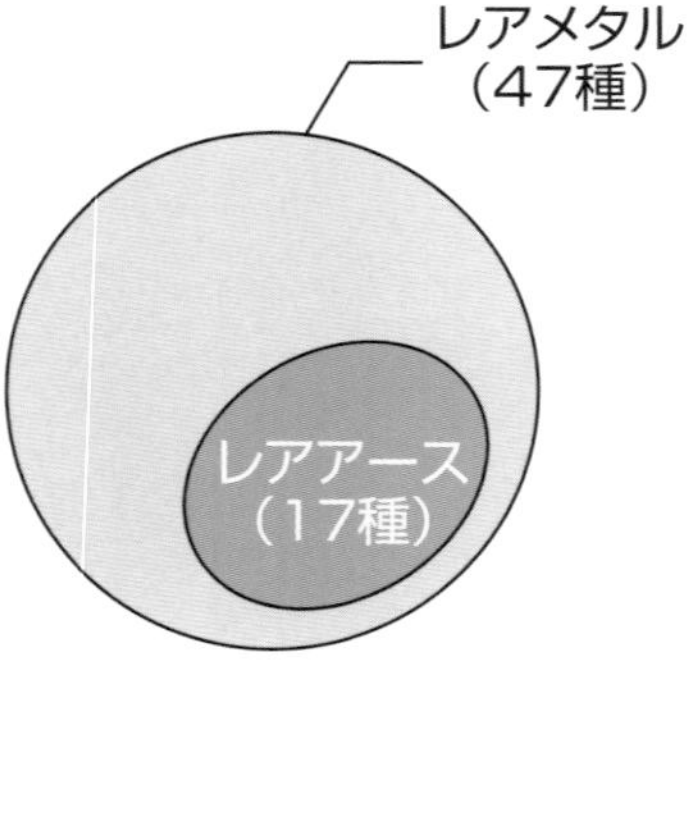

レアメタル
（47種）
レアアース
（17種）

それは「①日本の産業に重要」「②日本で産出されない」「③単離精錬が困難」です。つまり、日本の個人的事情で指定されているのです。科学とは関係ありません。日本でレアメタルでも、外国へ行ったらレアメタルではありません。

この中で、プラチナPtは、レアメタルに指定されていますが、金と銀は指定されていません。理由は二つあります。

一つは、金Auと銀Agには工業的な利用価値があまり無いということです。そしてもう一つは両者とも、国内でそこそこ生産されるということです。次の項目で見る都市鉱山を考えると、日本はかなりの貴金属生産国とも考えることができるのです。

●レアメタルとレアアース

□ レアメタル
■ レアアース（レアメタルに含まれる）

	1	2	3	4	5	6	7	8	9	10	11	12	13	14	15	16	17	18
1	H																	He
2	Li	Be											B	C	N	O	F	Ne
3	Na	Mg											Al	Si	P	S	Cl	Ar
4	K	Ca	Sc	Ti	V	Cr	Mn	Fe	Co	Ni	Cu	Zn	Ga	Ge	As	Se	Br	Kr
5	Rb	Sr	Y	Zr	Nb	Mo	Tc	Ru	Rh	Pd	Ag	Cd	In	Sn	Sb	Te	I	Xe
6	Cs	Ba	Ln	Hf	Ta	W	Re	Os	Ir	Pt	Au	Hg	Tl	Pb	Bi	Po	At	Rn
7	Fr	Ra	An	Rf	Db	Sg	Bh	Hs	Mt	Ds	Rg	Cn	Nh	Fl	Mc	Lv	Ts	Og

ランタノイド (Ln)	La	Ce	Pr	Nd	Pm	Sm	Eu	Gd	Tb	Dy	Ho	Er	Tm	Yb	Lu
アクチノイド (An)	Ac	Th	Pa	U	Np	Pu	Am	Cm	Bk	Cf	Es	Fm	Md	No	Lr

都市鉱山

貴金属はどこにあるのでしょう? それは鉱山です。世界だったら南アフリカや中国やロシアにある鉱山です。昔だったら日本の鉱山、つまり佐渡金山や石見銀山などです。しかし、いま注目されているのは都市のど真ん中にある都市鉱山です。

金の消費

鉱山から掘り出された金はどのように使われるのでしょうか? 石油や石炭のような化石燃料は、掘り出されたらエネルギー源として燃やされ、二酸化炭素と水になって消えてしまいます。つまり、無くなってしまいます。しかし、貴金属は化石燃料と違って消費されて無くなるものではありません。金貨や宝飾品となろうと、あるいは機械電気製品の部品となろうと、無くなってしまうことは決してありません。つまり、金は掘り出されたらその分だけ、社会の富として貯蔵され、その在庫量は年々上昇していくのです。

金がどのような用途に使われるのかをグラフで表しました。宝飾品がダントツに多く、次いで投資用の保存や金地金（インゴット）、コインです。量は少ないですが工業、電器産業にも使われています。パソコンやデジタルカメラなどの電気製品や携帯電話の回路基板に施されているメッキには金や銀が含まれています。

プラチナの場合には金と事情が違います。プラチナの3/4は自動

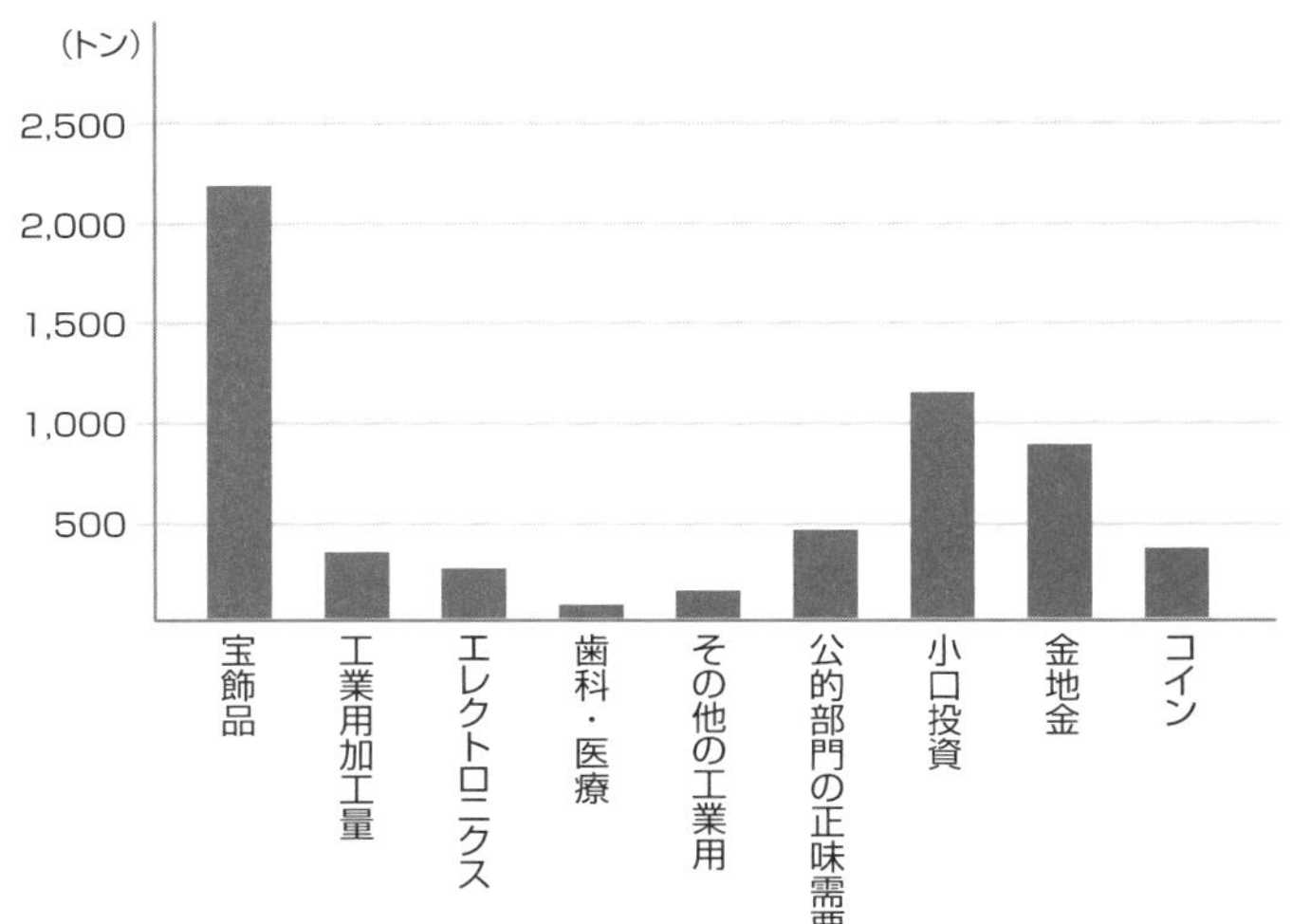

車触媒や産業用として使われます。自動車の排ガス対策に使われる三元触媒や水素燃料電池、あるいは有機化学工業における水素添加反応の触媒として大きな需要を抱えています。しかし、この様な使い方も決してプラチナを消費して無くするものではありません。触媒は使ったからといって消費されて減る物ではありません。使用が終わった後には回収して再使用できます。

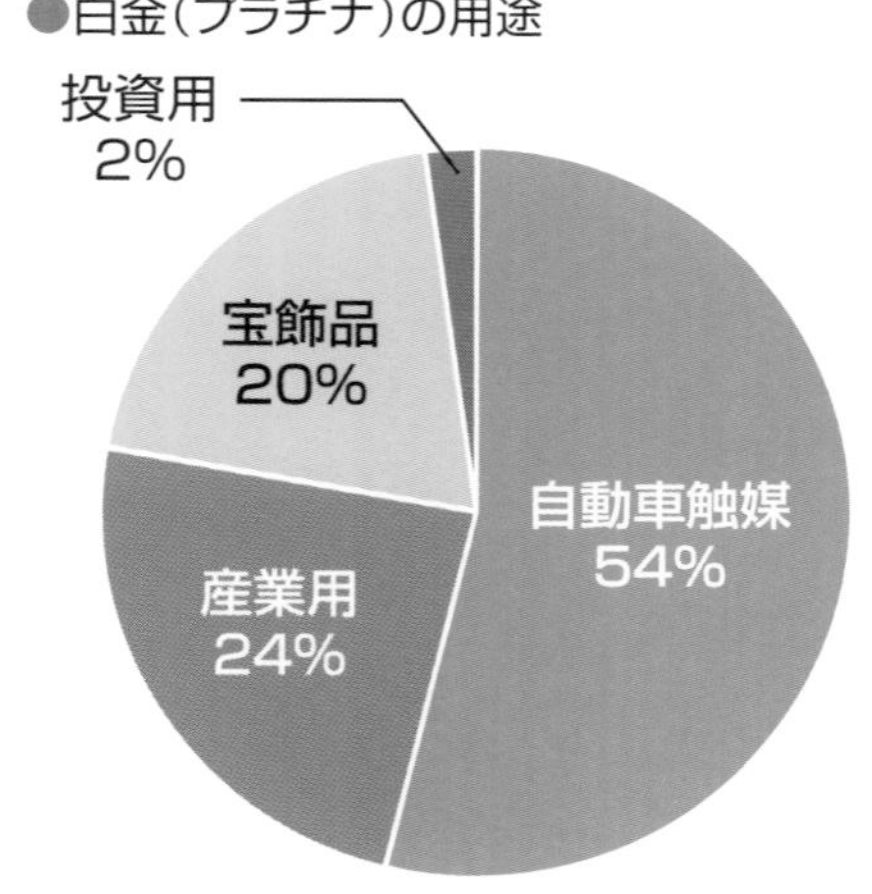

社会的埋蔵量

このように貴金属製品は無くなることは無く、例え姿を変えても常に家庭や工場に存在し続けるのです。この様な貴金属製品を回収し、精製処理すれば純度の高い貴金属を取り出してリサイクルすることが可能です。1トンの金鉱石から採取できる金の量はわずか5gほどなのに対し、携帯電話1トンからは約150gもの金が回収できると言います。現在、金の場合、年間需要のうち約1／3量が市場からのリサイクルによってまかなわれています。このような意味で、社会を鉱山とみなすことも可能であり、これを都市鉱山、アーバンマインドと言います。このように考えると日本は世界有数の資源国家とみなすことができます。ちなみに、2020年の東京オリンピックのメダルは、都市鉱山から回収した金属で製作されます。

下表は世界と日本の都市鉱山における貴金属の埋蔵量を示したものです。世界中に存在する金のうちなんと約16％は日本にあるのです。銀にいたっては世界の1／5は日本にあります。パーセントは少ないですが、プラチナだって2500トンもあります。世界一のプラチナ産出国である南アフリカの2011年の産出量が138トンですからその20年分も日本の社会に埋蔵されているのです。

●世界と日本の都市鉱山における貴金属の埋蔵量

貴金属	世界の埋蔵量	日本の都市鉱山	比率
金	42000トン	6800トン	約16%
銀	270000トン	60000トン	約22%
白金	71000トン	2500トン	約3%

SECTION 13

貴金属鉱石の入手

貴金属は金属の一種です。金属の多くは地中に鉱物として埋まっています。鉱物と言うのは一般に金属が酸素Oや硫黄Sなど反応して、酸化物や硫化物となり、それが何種類も混じってできた複雑な組成の物質です。貴金属と言えども、その獲得のためには、まず貴金属を含む鉱物の採集から始めなければなりません。そのためには、「鉱石の採掘」「目的の金属を含む鉱石を選び出す選鉱」の工程が必要になります。

しかし、貴金属の場合には採掘によらないで得ることも可能です。つまり、地表に顕れている貴金属を採集する（拾う）のです。

●自然金属

貴金属の特徴の一つは変化しない、すなわち他の元素と反応しにくいということです。ということは、貴金属は前で見たような鉱物ではなく、貴金属そのものとして埋まっている可能性があるということです。このようなものとしてよく知られているのが砂金等の自然金属です。しかし、自然金属の場合、純粋の金属であることはほとんどなく、類似の性質を持つ他の金属が不純物として混じっています。

❶自然金

金鉱山では、かなり大きな自然金が塊状で見つかることもあります。しかし、自然金として良く知られているのは砂金です。まさしく砂粒のように小さなものです。自然金は多くの場合、不純物として銀を含んでいます。これは金と銀が共に周期表の11族に属し、互いに性質が似ているからです。

❷自然銀

銀が単体（自然銀）見つかることは珍しく、多くの場合、銀鉱石として、あるいは鉛Pbなど別の金属の鉱石に不純物として含まれる状態で産出します。

❸自然プラチナ

自然プラチナには鉄の他に、イリジウム、ロジウム、パラジウムなどの白金族元素が含まれるのが普通です。自然プラチナは薄い膜状の箔や、小さな粒の形で産出することが多く、大きな塊状で産出することは滅多にありません。

❹自然水銀

液体金属で、多くの場合、固体の辰砂(しんしゃ)(硫化水銀、HgS)とともに産します。日本国内では佐世保市の相浦層、北海道のイトムカ鉱山、奈良県の大和水銀鉱山での産出が有名です。イトムカ鉱山では削岩中に鉱脈から水のように自然水銀が噴き出た事もあったといいます。

秦の始皇帝の陵墓では墓の周りに水銀の池を作り、盗掘を防いだと言います。

採掘

貴金属の多くは鉱物として地中に埋もれています。貴金属入手の基本は地中を掘る、すなわち採掘することです。しかし、前項で見たように中には貴金属が地表に現われていることもあります。

❶ 砂金採掘

地表に顕れている貴金属の代表は砂金でしょう。アメリカのカリフォルニア州に出現したゴールドラッシュのように、砂金は川底に沈んでいることが多いです。

それは金を含んだ鉱石が川の流れで破砕され、自然金の砂金とその他の鉱物に分離されると、比重の違いが現われて来るからです。つまり金の比重は19・3で、例えば鉄の比重7・8と比べても非常に大きいです。そのため、軽い鉱石部分は水に流され、重い砂金だけが川底に沈んで残るからです。これは次項で見る比重選鉱法の原理が働いているからです。

この様な砂金を得るのに用いたのが選鉱鍋(せんこうなべ)でした。これは洗面器のような簡単な道具で、これに川底の砂を入れて、水中でゆすり、水流によって軽い砂を洗い流し、重い砂金だけを鍋の底に残したのです。

❷露天掘り

砂金として現われる金の量は限られています。砂金の次に採取の対象になるのは地中に埋まった自然金ですが、それも最初のうちは、浅い所に埋まっている物が対象になりました。この場合には穴を掘り進むのでなく、表面の土だけを削り取る露天掘りで採掘することができます。

露天掘りは費用が掛からず便利な採掘法ですが、露天掘りで採掘できる量は限られています。

❸水圧掘削法

露天掘りで掘り尽くした後に開発されたのが水圧掘削法でした。これは、金脈が発見された丘の側面や崖などに、ホースや流れの速い水流などを利用して高圧の水をかけます。すると周りの土砂がその水圧で崩れ、金を含んだ層が水の底に沈むというものです。あとは比重選鉱法の原理で、金を含まない鉱石は水で流され、金を含む鉱石が残されるというものです。

❹ 坑内採鉱法（こうないさいこうほう）

これは、金脈があると判断された所に縦穴を掘り、そこを拠点にしていろいろな方向に横穴を掘って採掘する方法です。鉱山で用いられる基本的な方法です。

❺ 硬岩採鉱法（こうがんたんこうほう）

あえて説明するまでも無いような方法ですが、要するに金を含む岩石(主に花崗岩)をダイナマイトなどの爆薬によって破砕する方法です。現代鉱山技術の主流です。

❻ 選鉱

鉱山からいろいろな方法で鉱石を採集しても、そこに含まれる金の量はわずかです。鉱石の中から金、あるいは金を含む鉱物を選択して取り出す操作を選鉱と言います。砂金を採るために使った選鉱鍋は選鉱の手段の一つです。つまり、水の力を利用して比重の違いによって鉱石を選鉱するのです。この様な方法を比重選鉱法と言います。

コラム 最大の自然金

これまでに発見された世界最大の自然金は、1858年にオーストラリアで発見された金塊で、58kgもあったといいます、2番目は重さ27・7kgで、これも1980年にオーストラリアのビクトリアという小さな街で見つかった物です。当時の価格で100万ドル(1億1000万円ほど)で売却されたと言います。これは現在も現物が展示されているそうです。

日本で発見された自然金は、明治33年に北海道浜頓別町で発見された769gのものだそうです。これは川で見つかったものですから、巨大な砂金とでも言えるのでしょうか。ちなみに普通の砂金は1個(一粒)0・0005~0・002gしかないそうです。純金としても、価格は良くて一粒10円です。

SECTION 14

抽出

選鉱で選び出された鉱石もその大部分は金以外の金属や岩石です。このような物体から金と言う金属を取り出すのが、抽出と言う技術です。これは高度に化学的な技術であり、歴史とともに改良向上されています。

●アマルガム抽出

水銀Hgは液体の金属であり、多くの他の金属と合金を作ります。水銀の合金の作り方は簡単で、液体の水銀に他の固体金属を入れると、そのまま溶けて泥状の液体になります。これが水銀の合金で

●水銀と銀のアマルガム

あり、一般にアマルガムと言います。実際には水銀に溶けた金属によって、金が溶けた場合には金アマルガム、パラジウムPdが溶けた場合にはパラジウムアマルガムなどと呼ばれます。

選鉱で選び出された鉱石のうち、金の含有が確かと思われる鉱石を目で選んで、砕いて細かくします。この細粒を水銀に入れるのです。すると鉱石細粒中の金は水銀に溶け出して液体になります。金以外の岩石はそのままです。

これをろ過して不溶の鉱石を除けば、液体部分は金と水銀だけということになります。この液体を加熱して水銀を揮発除去すれば、金が固体として残る、ということです。

お読み頂ければおわかりの通り、言いようもないほど危険な作業です。水銀の有毒性は日本で起こった4大公害のうち、水俣病（熊本県）と第二水俣病（新潟県）の原因となったことを見れば良くわかります。水銀の揮発は密閉容器中で行われるのでしょうが、水銀蒸気が全く漏洩しないということも難しいのではないでしょうか？

国際的にアマルガム法に対する批判は強いのですが、設備の問題、費用の問題などで現在も根強く行われているようです。

青化法

「青」と言うのは、色の事を言うのではありません。青酸カリウム（正式名シアン化カリウム）KCN、青酸ナトリウムNaCNを用いる方法ということを意味します。

❶金を溶かすのは「王水」だけ？

青酸カリは誰知らぬ人のいないほど有名な毒物です。サスペンスドラマで見ると青酸カリ入りのワインを一口飲むと苦しんで亡くなります。経口致死量は200mg、小指の先ほどと言われます。この様な猛毒と金に何の関係があるのでしょう？

金は何物にも溶けないと言います。金を溶かすのは王水（硝酸HNO_3と塩酸HClの1：3混合物）だけと言いますが、そんなことはありません。世界中の海水には500万トンとも50億トンとも言われる金が溶けているのです。しかし、これも濃度としては無視できるほどのものに過ぎません。

金は意外な物に溶けます。家庭にある消毒薬のヨードチンキは金箔をベロベロと溶かします。金のリングは締まった固体ですから、眼に見えるように溶けはしませんが、

1年も漬けて置いたら無くなっているのではないでしょうか?

❷青酸カリは金を溶かす

青酸カリの水溶液は金をよく溶かすのです。この性質を生かしたのが金メッキです。青銅製の仏像を金メッキするためには、仏像を陰極、金塊を陽極に接合して、両者を電解液に入れて電流を流せば、陽極に電子を渡して生じた金イオンAu^+が陰極に移動し、仏像に付着した後に電子を受け取って金属金Auとなってメッキされることになります。

この反応が円滑に進行するためには電解液中に金イオンAu^+が存在しなければなりません。つまり、メッキの電解液は金を溶かす液体でなければならないのです。そのために使われるのが青酸カリや青酸ナトリウムなのです。

❸金の抽出

青酸カリを用いれば、鉱石から金を抽出することができます。その具体的方法はアマルガム法と同じです。細かく砕いた金鉱石を青酸カリ水溶液に入れれば、金だけが溶け出します。溶け残ったものを濾過して除けば金を含んだ溶液が得られると言うわけです。

青酸カリや青酸ナトリウムは自然界にはほとんど存在しません。似た物が若い梅の実のタネに含まれるくらいです。実用的には人間が化学的に合成したものです、その生産量は日本における青酸ナトリウムの1年間の生産量がなんと3万トンなのだそうです。

コラム 帝銀事件

青酸カリを使ったとみられる有名な事件に帝銀事件があります。昭和23年（1948年）に東京の帝国銀行という地方銀行に、東京都の保健所職員と名乗る男が現われ、伝染病の赤痢の予防薬と偽って行員ら16人に青酸カリ水溶液を飲ませました。10人はその場で亡くなり、6人は病院に運ばれましたが2人はその後亡くなりました。

半年後、高名な日本画家、平沢貞道が逮捕されました。平沢は取り調べで一回だけ犯行を自供しましたが、裁判では一貫して否認しました。しかし、自供を最大の証拠とする旧刑事訴訟法に従う裁判は、毒物を青酸カリと断定した上で死刑判決を出しました。しかし30数年にわたって再審請求を出し続け、ついに1987年、肺炎で獄死しました。95歳でした。

この事件は謎だらけです。毒物が青酸化合物（CNを含む化合物）であることは確かですが、KCNとは断定できません。もしKCNなら、致死量を飲んだ人は即死状態で亡くなると言います。病院に運ばれた後に亡くなるのは不思議と言います。それに平沢が青酸カリをどこから手に入れたのか明らかにされていません。何よりなのは、生き残った行員が、平沢は犯人に似ていないと言っていることです。

SECTION 15

精錬

このように抽出して得た金も、まだ純粋な物ではありません。多くの不純物を含んでいます。この様な粗金から不純物を除いて純粋な金にする工程を精錬と言います。

現在では、この工程は電気分解によって行われます。その結果、99・999％の金が投資用の金塊として市中に出回っています。

江戸時代の金の品位

しかし、この様な高純度の金ができるようになったのはつい最近のことです。金が大好きで「金の茶室」や「慶長大判」を作った豊臣秀吉の頃は、金の純度は低かったのです。

江戸時代以前の日本には、金を精錬する技術は無かったと言います。そのため、日本の金の品位（純度）は原料の自然金の純度が限界であり、それは16Ｋ（70％）程度であったと言われます。このため、日本の小判は諸外国から安く買いたたかれたと言う話もあります。

その後、外国から精錬法が輸入され、品位も向上したのですが、その精錬法はあまりにも危険なものでした。その方法は「灰吹き法」と言います。

●灰吹き法

この方法はメソポタミア平原で紀元前3、4千年紀の初期青銅器文化時代に開発されたものと考えられています。それは銀と鉛を含む鉱石である方鉛鉱から銀を抽出すると言うものです。その手順は次のようなものです。

❶鉱石を砕いた物を皿に載せて水中でゆすり、金属の多い部分を比重選鉱で選択します。

❷この鉱石と鉛を炉の中を入れて高温でドロドロに溶かします。すると銀は鉛と親和

性があるので鉛の中に溶けだし、「鉛と銀の塊」、「その他の物質」というように分けることができます。

❸ 皿に灰を置き、その上に「鉛と銀の塊」をのせて熱します。すると鉛は融けて灰に吸収されて銀だけが灰の上に残ります。これは融けた状態の鉛と銀では表面張力が違い、表面張力の小さい鉛だけが灰に吸収されるからです。

このように灰吹き法では鉱夫は常に鉛の蒸気に晒されています。そのため、鉱夫は押しなべて鉛中毒になり、日本最大の銀山であった石見銀山での鉱夫の平均寿命は30年程度だったと言われます。石見銀山周辺に立派なお寺が多いのはこのような理由によるものだと言われています。

コラム 石見銀山（いわみぎんざん）ネズミ取り

江戸時代に石見銀山ネズミ取りという殺鼠剤がありました。これは、石見銀山（実際には石見の笹ヶ谷鉱山）から採れた毒物を使用したのでこのように呼ばれました。

毒成分はヒ素As、正確にはヒ素の酸化物である亜ヒ酸、つまり三酸化二ヒ素As_2O_3です。これは無色無臭で水に良く溶けます。大量に飲めばその場で死にますが、少量の場合には体内に残って溜まり、致死量に達した時に死にます。ですから、少量ずつ食事に入れられると、本人も周囲の人も病気と間違ってしまいます。

古来、多くの人がこれで暗殺されました。ナポレオンもこれで暗殺されたと言う説もありますが、真偽は相当深い闇の中です。

とにかく、銀鉱山からはこのような物も出てくるのです。当然、鉱夫は吸うでしょう。金にしろ、銀にしろ、貴金属を手に入れるのは命がけだったのです。

SECTION 16

古代の貴金属

世界史は石器時代に始まり、やがて青銅器時代、鉄器時代と、金属時代に推移して現代に至ります。しかし、人間はその歴史の黎明期から金と連れ添ってきたのではないでしょうか？　青銅はもちろん、青銅を作る銅もスズも、自然界に無造作に転がっている金属ではありません。酸素や硫黄などと反応して鉱物の形で存在します。まして鉄がそのままの形で自然界に存在することはありえません。

象徴としての黄金

自然界に、金属そのものの形で存在できるのは金くらいのものです。金は砂金あるいは自然金塊の状態でもキラキラと光り輝きます。初めて自然金を手にした人間はその美しさに驚いたのではないでしょうか。

熱く輝く太陽を至高の存在と畏怖した人間は、太陽の光を受けて燦然と輝く黄金を見たとき、黄金を太陽の化身と思って敬ったのではないでしょうか。花を美しいと思った人間は、時に優しく煌めく黄金をも美しいと思ったのではないでしょうか。愛しい人が亡くなった夜、枕元に花を飾った人間は、手元にあった黄金を彼女の手に握らせたのではないでしょうか。

黄金は人間の心の中に恐れと権威と尊敬と、愛おしさと美しさの象徴として育って行ったのではないでしょうか。

加工品としての黄金

金の特徴の一つは軟らかいということです。純金は歯で噛めばへこんで歯形が着きます。自然金は12K程度の品位ですから、純金に比べれば相当固いですが、それでも石とは比べ物にならない軟らかさです。青銅と比べてもうんと軟らかいです。

軟らかいということは加工がしやすいということです。金を加熱して融解するには1000℃以上の高温が必要ですから、融解して液体になった金を鋳型に入れて成形するということは、相当時代が下らないと無理なことです。しかし、叩いて形作る、つまり鍛造だったら熱源無しに加工できます。自然金塊に小型の石器のとがった所を打ち付ければ容易に成形できます。

運よくいくつかの自然金塊を見つけることが出来たら、それを合わせて叩くことによってより大きな金塊にすることができます。人間が集落を作り、部族を作ったら、部族の長は傘下の者に自然金を集めるように命じるでしょう。すると大きな金塊を加工して部族が神とあがめるものを作ることができるようになるでしょう。

このようにして黄金は部族の長の権威と神の尊厳の象徴として、至高の存在としての地位を獲得していったのです。

古代文明と黄金

黄金の製品が最初に現われるのはシュメール人の築いたシュメール文化であると言われます。紀元前6000年、今から8000年も前のことです。シュメール人は天文の知識に長けていたそうです。彼らの棲むメソポタミアの地にはアヌンナキと呼ばれる神がいたそうです。その神が彼らに天文の知識と共に黄金を扱う技術を教えたといいます。アヌンナキは神ではなく、宇宙人だったのではないかと言う説もありますが、その様な話しは古代で良く言われることです。

それから時間が経って紀元前５０００年から紀元前３０００年ごろには、現在のブルガリアにあたる地域にトラキア人と呼ばれる人々が存在していました。かれらは戦が好きなようでしたが、近くのペルシア文明やギリシア文明と交流しながら、独自の文明を作りました。

トラキア文明は文字を持ちませんでしたが、非常に高度な金の精錬技術、細工・加工技術まで持ち、「黄金文明」とも呼ばれました。その名前のとおり、さまざまな黄金製品を残しています。１９７２年にはブルガリア東部にあるヴァルナ集団墓地遺跡から、数kgにおよぶ黄金製品が出土しました。

そのなかには、軍事儀式、宗教儀式に用いられる「王笏（おうしゃく）」と呼ばれる杖、高度な装飾が施された王冠やリング、ネックレスなどがありました。さらに、２００４年にはトラキア王の黄金の仮面が出土しました。厚さ３㎜、重量６７２gの物でした。

SECTION 17

エジプト時代の貴金属

エジプトの黄金製品といえば、ツタンカーメン王のお墓の副葬品が思い浮かびます。

貿易品としての黄金

エジプトは金が豊富な国でした。しかし、それ以外の資源はそれほど豊富ではなかったようです。銀も産出しないため、銀はもっぱら輸入に頼っていたようです。これらの取引に代価としてエジプトが用意したのが金だったのです。エジプトは金を代価にして、自国では乏しいレバノン杉などの木材・銅、鉄などの鉱物、更にはラピスラズリ等の宝石を近隣諸外国から輸入していました。

金はエジプトのコプトスより東に延びるワディ・ハンママート周辺や、ヌビアのワワトやクシュから産出されたと言いますが、主に砂金でした。このため、ナイル川の川底は砂金が枯渇するまで掘り返され、その掘り返した土が残されてナイル川のデルタ地帯ができたと言う説もあるそうです。古代エジプトの砂金採りの規模の大きさと、それを命じたファラオの絶大な権力がしのばれます。

装飾品としての金

エジプトの金工芸の技術の歴史は古く、紀元前２９００年頃には既に小さな金製品や金の延べ板が作られています。そして中王国時代と呼ばれる紀元前２０００年頃には、金を融かして形作る鋳金や浮彫り、金箔、象眼など現代の金工芸で用いられるすべての技術が、すでに完成の域に達していたといいます。

これらの工芸が最高度に集約されたのが国王の墓に埋葬する副葬品でした。ツタンカーメンは新王国時代の王であり、生存したのは紀元前１３４２～１３２４年というわずか18年間のことでした。その間にどのようなことがあって、どのような原因で亡くなったかは興味のあるところですが、本書の題材ではありません。

ここでは、有名なツタンカーメンの黄金の棺を見てみましょう。棺に使われた黄金は全部で110㎏といいます。2019年4月現在で、金の素材費だけで5億円ほどになります。しかし棺の歴史的な価値から見たら、5億円など問題にもなりません。

黄金のマスクを見てみましょう。このマスクは二種類の金でできています。マスクの正面、つまり顔の部分と、サイドや背後の部分で金の純度が違っているのです。正面は純度が高く22・5K（約94％）です。それに対してサイドは18・5K（約77％）となっています。

ツタンカーメンのおよそ3000年後に豊臣秀吉の作った慶長大判の品位が16K（約70％）程度ですから、ツタンカーメ

●ツタンカーメンの黄金のマスク

ンのマスクに使われた金の純度は驚くほど高いものと言わなければなりません。今から３３００年も前に金の優れた精錬技術があったことを意味するものです。

ツタンカーメンよりちょっと遅れて登場したラムセス二世(紀元前１３１４～１２２４年)のマスクも純度の異なる金が用いられていました。こちらは最高純度のものが金95%でその他に85%、69%のものなども用いられているようです。不純物として入っているのが銅であり、そのため、このマスクはちょっと赤っぽく見えると言うことです。日本で言う赤金に相当します。もしかしたら、赤くすることを意図して銅を混ぜたのかもしれません。

ただし、これらのマスクの材料はほとんどが金であり、銀はほとんど用いられていません。国王の権威には銀より金が相応しいと思ったのか、それとも、銀は輸入品で貴重だったせいなのか、興味のわくところです。古代エジプトには金に銀メッキした製品もあるそうですから、もしかしたら、後者かもしれません。

SECTION 18

ギリシア時代の貴金属

古代ギリシア文明はその後のヨーロッパ文明の発祥の地となりました。古代ギリシアはエーゲ海を囲むエーゲ海諸国の一環として多くの周辺国家と幅広く交易し、また幾多の戦争を重ねていました。

エーゲ海諸国の黄金文明

エーゲ海文明は古代エジプトの中王国同時代と同時代、紀元前1800年頃から始まったものと考えられます。その頃に始まったのがクレタ島で栄えたミノア文明であり、その技術を吸収したミケーネ文明が栄え、さらに紀元前700年頃に南イタリアで始まったのがエトルリア文明でした。

この頃の文明を研究したのがドイツの有名な考古学者ハインリッヒ・シュリーマ

ンでした。彼は子供の頃に読んだ、ギリシアの詩人ホメロスの書いた詩『イーリアス』にあったトロイ戦争が忘れられませんでした。これは神話的な戦争であり、紀元前1600～1100年頃に、美女を巡ってギリシアの英雄たちが起こした戦争であり、トロイア国を包囲して10年間に渡って戦ったと言います。

子供の頃は貧しかったシュリーマンですが、事業に成功してからは幻の都市トロイアの発掘に全霊を掛けるようになり、ついに1870年にトルコで遺跡を発見しました。そこに埋漏れていた「プリアモスの財宝」と言われる貴金属の財宝は、その後のギリシア文明研究の土台となったものです。さらに1876年にはギリシアのミケーネで「アガメムノンのマスク」と言われる黄金のマスクを発見しました。

これら一連の発見によって古代エーゲ海文明の存在が確認され、その研究が始まったのです。この文明の装飾品は、金や青銅で作られたものがほとんどでした。いずれの文明でも宝石類はあまり使用されませんでしたが、彩りを加えるために七宝細工が使われることが多かったようです。装飾のモチーフは、昆虫の他にヒトデやタコといった海の生き物が多く、海洋文明の名残をとどめています。ギリシア文明はこのような海洋文明の上に花開いたものということができるでしょう。

ギリシアの黄金文明

ギリシア美術と言えばミロのビーナスやサモトラケのニケのような、真っ白い大理石に掘られた彫像やパルテンの神殿のような白い大理石の建築物を思い出します。

しかしパルテノンの姿は、創建当時は今とは相当異なっていました。パルテノン神殿の破風の彫刻は極彩色に彩色され、要所要所には金箔が張られて金色に輝いていました。更に内部は木造であり、そこもまた彩色が施されていたのです。

極めつけはそこに飾られてあったアテネの守護神、アテネ女神です。これは、現在は失われていますが、高さ10ｍを超す巨大な物で、顔や腕などの肉体部分は象牙でできており、衣服の部分は黄金でできていたと言います。さぞかし荘厳できらびやかな物だったでしょう。

私たちは白木で古びた神社仏閣を見て、ありがたく、美しいと思いますが、神社仏閣は創建当時は赤く丹で塗られ、要所要所は金で飾られていたのです。古代ギリシアもそうだったのです。至る所に彩色がほどこされ、金が貼られ、美しく眩く輝いていたのでは無いでしょうか？

コラム　アルキメデス

ギリシアと金銀に関した話として、アルキメデスの話があります。アルキメデスはギリシアを代表する科学者です。王は金細工師に純金を渡し、これで純金の王冠を作るよう命じたのだそうですが、出来てきた王冠が本当に純金製かどうか確かめよとアルキメデスに言うのです。もちろん、王冠の重さは渡された純金の重さと同じです。考えあぐねた挙句、風呂に入ったアルキメデスは重大なヒントを思いつきました。アルキメデスは王様に、金細工師に渡した純金と同じものを貸してくれるように頼みました。

そこで水を満杯に満たした容器に王冠を入れ、あふれ出た水の体積を計りました。次に純金に対して同じことを行いました。そして、両方の場合で溢れた水の体積を比較したところ、両者で違いのあることがわかりました。これによって、金細工師は純金の一部を銀に換えて王冠を作っていたことがわかりました。

SECTION 19

中世の貴金属

中世ヨーロッパの貴金属と言えば、貴金属製品の話より、貴金属そのものを作る技術の話、つまり錬金術でしょう。

中世の錬金術

錬金術と言うのは鉄や鉛のような安価な金属を金や銀のような高価な貴金属に変化させる技術の事を言います。欲の皮の突っ張った領主や王侯は錬金術によって富を増やし、武器と兵隊を揃えて隣国を打ち破って領土を広げたいと思います。

それに乗って錬金術師は錬金術を開発して王侯の意に沿い、お金と地位を得たいと思います。たとえ実現しなくても、今にも実現しそうなふりをしている限り、王侯は錬金術師を王宮に留め、実験施設と実験費用と、錬金術師の衣食は保証してくれます。

ということで、キツネとタヌキの化かし合いのような関係があちこちに生じたと言います。

●錬金術の功罪

金属は元素です。元素は、変化はもちろん相互変換もしません。したがって錬金術が成功するはずの無い技術をいかにも成功するようにふるまって、無知の王侯をだましたのは詐欺行為である。したがって錬金術師は詐欺男である。

これが20世紀初頭までの見解でした。しかし本当にそうでしょうか？「元素は変化しない」ということはどうしてわかったのでしょうか？　もしわからなかったとしたら、錬金術師は嘘をついていたのではなかったことになります。むしろ理想の目的に向かって真摯に努力を重ねた立派な科学者ということになります。

実際、錬金術師たちの行った実験には有意義なものがあり、酸、アルカリなどと言う化学的に重要な概念も彼らが見出したものと言われます。また各種実験器具、ガラス器具なども彼らの考案したものがたくさんあります。つまり、現代科学は錬金術師たちの努力の上に成り立っているのです。

 現代の錬金術

実際に「元素は変化しない」という概念は嘘であることがわかりました。元素は変化するのです。これが明らかになったのは20世紀になってからです。キュリー夫妻の努力によって原子核の性質が明らかになり、やがて原子炉や粒子加速器が開発されると、元素は壊れたり、融合したりして別の元素に変化することが明らかになりました。

この反応を利用すれば金を作ることも可能です。実際、周期表で金の隣にある水銀Hgに中性子を照射すると金になることが確認されています。錬金術師たちの目標は現代になって達成実現されたのです。

問題は費用です。計算によると1L、13kgの水銀を原子炉に入れて1年間中性子を照射し続けたとして、生成する金の量は10g程度と言います。その間の電気代がどれくらいになるか、まして原子炉を作ることから始めたら、その費用は天文学的なものになります。金はやはり山から掘ってくるか、川から拾ってくるのが実用的なようです。

SECTION 20

インカ帝国の貴金属

南アメリカのアンデス山脈、現在のペルーの辺りにはアンデス文明と呼ばれる文明が1万年ほど前から存在していました。この文明が他の文明と大きく異なるのは文字を持っていなかったということです。ですから文明の歴史などの細かいことは今も不明です。

●インカ帝国

紀元頃になるとアンデスの各地にいろいろの文明が起き、いろいろの国が盛衰を繰り返しました。やがて紀元15世紀に入るとインカ人が勃興し、周辺の国を従えてインカ帝国をつくりました。アンデス文明は旧大陸との折衝が無かったため、その文明はインカ帝国になってもいびつなものでした。

インカ帝国には、文字が無いことはもちろん、鉄器も火器もありません。車輪の考えすらなかったようです。ですから旧大陸で考えれば青銅器時代以前のようなものです。しかし、発達した面もあり、発掘される人骨には頭蓋骨を修復した跡の有るものもあり、脳外科手術の跡ではないかと言われます。また、石造建築の技術には眼を見張るものがありました。更に凄かったのが金細工の技術の高さと、その量だったと言います。

ところが16世紀初頭に、コロンビアから急速に伝染した天然痘によって、わずか数年間でインカ帝国人口の60%から94%が死に至るという大幅な人口減少が起きました。

インカ帝国の滅亡

それに続いて帝国を襲った不幸がスペイン人の侵略でした。侵略者はピサロを提督とする168名の兵士と大砲1門、馬27頭の軍勢だったと言います。人数は少数ですが、武装の程度がまるで違います。インカ帝国はなす術も無いまま敗北し、皇帝は捕えられて獄に繋がれました。国民は皇帝の赦免を願いましたが、その見返りとしてスペイン人の出した要求は、皇帝の閉じこめられた部屋一杯分の黄金と二杯分の銀という法外なものでした。

インカ帝国の貴金属

しかし国民はどこからともなく黄金の製品を持ちより、条件を満たしました。ところがスペイン人たちは約束を破り、1533年に皇帝を処刑した上、金製品を没収したのです。ここにインカ帝国は崩壊したのでした。

その上、許せないのは、この金製品を全て融かして延べ棒にして本国スペインに持ち帰ってしまったのです。銀も同様です。しかし「融かせない金属製品」もあったので、それはそのままの形でスペイン本国へ持ち帰りました。ところが、本国でもこの「融かせない金属」を融かして成形することができず、役に立たない金属として廃棄に近い状態で長い間放置されていたと言います。

この役立たずの金属こそが、後になって調べてみるとプラチナだったのです。金、銀の融点はそれぞれ1064、962℃、それに対してプラチナの融点は1772℃

です。当時これだけの高温を扱う技術は無かったのでしょう。それではインカではプラチナをどのようにして成形したのでしょう？　多分、鍛造だったのではないかと言われます。自然白金塊などを加熱して叩いて融合し、それをまた叩いて変形するのです。

日本刀を作るのも鍛造です。鉄を加熱して叩いて成形するのです。鋼から日本刀を作る工程で、鋼を融かす工程は一回たりともありません。ただひたすら叩くだけです。

SECTION 21

アジアの貴金属

人々が金を好むのは洋の東西を問いません。アジアでも金は高貴で美しい金属として大切にされました。

日本の黄金文化

中でも金を積極的に用いたのは日本でしょう。古くは国宝の七支刀(ななつさやのたち)があります。これは4世紀に百済から貢献されたものと言いますが、刀身に文字が彫られ、そこに金が埋め込まれています(金象嵌(きんぞうがん))。

8世紀には国宝、奈良の大仏が建立されましたが、これは全身を金メッキされ、金色に輝いていたと言います。平安時代になると同じく国宝の金閣寺の建立です。建物全体が外装も内装も金箔張りという特異な建物です。その後銀閣寺が作られましたが、これは名前に違って銀箔を貼りはしなかったようです。

金を贅沢に用いたのは京都、奈良など、国の中央だけではありません。12世紀初期には岩手県に中尊寺金色堂が建てられました。また16世紀後期には豊臣秀吉が金箔張りの茶室と黄金製の茶器を作らせ、人々を驚かせました。

江戸時代になると金は漆とコラボレートして多彩な美術品を生み出しました。特に金箔は重宝され、絵画のバックなどとして多くの美術品に用いられました。

一方、江戸時代には金は貨幣(小判)として経済に重要な働きをしました。ただし金貨が重要視されたのは江戸を中心と

●金閣寺

する経済界であり、大阪を中心とする地域では銀貨が重要視されたと言います。

日本以外の国

中国の美術品と言うと、水墨画、磁器が有名ですが、金細工も活躍しています。中国の歴史的美術品を集めた故宮博物院には金製の茶碗、水差しなどの食器、腕輪などの装身具、各種の置物などが並んでいます。多分、庶民とは無縁の物だったのでしょうが、その技術水準の高さにはさすが中国と改めて驚かされます。

ベトナムやタイでは黄金製の仏像が目立ちます。仏像は大きい物が多く、お参りする人は門前外街で金箔を買い求め、お参りする際にその金箔を仏像に貼るのだそうです。かくして仏像は常に金色に輝き続けるのです。

Chapter.3 金の性質

金の金属的性質

金属にはいろいろの性質がありますが、大きく分けると金属的な性質と化学的な性質に分けることができます。金属的な性質と言うのは、金属それ自体が示す性質であり、化学的な性質と言うのは試薬など他の物質と反応して示す性質です。

金属的な性質もいろいろありますが、一般に金属が示す性質を物理的な性質としてみましょう。

物理的性質

金は金色の金属です。比重は19・3です。この値は元素の比重としては大変に大きな値です。元素で比重が最も大きいのはイリジウムで22・65です。次がプラチナで21・4です。ですから金は3番目に重いということになります。ちなみに重いということで釣りの錘などに使われる鉛Pbは11・3しかありません。意外に重いのは液体金属の水銀Hgで13・6です。ちなみに鉄の比重は7・86で金の半分もありません。金の融点と沸点は、それぞれ1064℃、2807℃です。つまり、2807℃に加熱すると金は気体となって揮発してしまうのです。金は軟らかい金属でモース硬度は2・5(単位無し)です。モース硬度と言うのは二つの物質を擦り合わせて、傷のついた方を軟らかい(硬度が低い)として硬度の順を決めたもので、最も硬いのは硬度10のダイヤモンドです。

●モース硬度

硬度	鉱物	解説
10	ダイヤモンド	地球上の鉱物の中で一番硬い
9	ルビー・サファイヤ	ダイヤモンド以外の宝石に傷をつけられる
8	トパーズ・スピネル	ヤスリなどでは傷がつかない
7	水晶・トルマリン・ヒスイ	ヤスリでわずかに傷がつく
6	トルコ石・ラピスラズリ	ヤスリで傷がつく。窓ガラスより硬い
5	黒曜石・燐灰石	ナイフでわずかに傷がつく。窓ガラスと同じ硬さ
4	蛍石・マラカイト	ナイフの刃で傷をつけられる
3	方解石・大理石	硬貨でこするとわずかに傷がつく
2	石膏	指の爪でわずかに傷がつく
1	滑石	指の爪で傷がつく

ちなみに銀2・7、銅3・0、プラチナ4・0、鉄4・5、ステンレス6・0です。一般に軟らかいことで知られる銅でさえ3・0ですからそれより低い金の軟らかさは相当なものです。ステンレスは鉄にクロムCrやニッケルNiを25％ほど混ぜた合金ですが、硬度6・0と鉄の4・5より相当固くなっています。金に他の金属を混ぜて14Kとか18Kにするのはこのような効果を狙っているのです。

延性・展性

先に見たように、金属は金属結合をして自由電子を持っているため、一般に柔軟で、折り曲げることができます。

延性は延ばして針金にすることのできる性質、展性は叩きのばして箔にすることのできる性質です。延性、展性が最も大きいのは金であり、1gの金を伸ばすと2300mの針金(糸)になると言います。金の比重は19・3ですから縦横高さ1㎝の立方体の重さが19・3gです。したがって1gの金と言うのは、縦横1㎝、厚さ0・5㎜の厚紙ほどの量ということになります。これが2300mの長さに伸びるのですから驚きです。

展性もすごく、最も薄くすると0・1㎛（1㎜の1万分の一）になると言います。この厚さになると、金箔を透かして外界を見ることができます。つまり、金属の金も薄くすれば透明になるということです。

金箔を作るには、金の小さな粒を紙の間に挟み、これをハンマーで叩いて延ばします。この紙は箔紙と呼ばれる特別な物で、和紙を柿渋、藁灰や卵白などを溶かした秘伝の水に半年ほど漬けた物と言います。箔紙は繰り返し使うことができ、最後は舞妓さんが使う「脂取り紙」になるということです。

ちなみに金を普通のコピー紙に挟んで叩くと、薄くはなりますが、ボロボロに破れてしまい、料理やお酒に入れる分には大丈夫でしょうが、とても工芸品に使うような金箔にはなりません。

伝導性

一般に金属は高い伝導性を持ったすぐれた伝導材ですが、貴金属は特に高い伝導性を持っています。全ての物質中で最も高い伝導性を持つのは銀であり、次が銅、その次が金になります。

一般の電気機器で良く使われる伝導材は銅ですが、銅は錆びると言う欠点を持っています。そこで錆を防ぐために接点部分を金や銀でメッキします、そのため、精密電子機器には金が含まれることになるのです。

銅は安価で高い伝導性を持つ優れた伝導材ですが、いくつかの欠点もあります、その一つが重い、比重が大きいということです。この様な導線を鉄塔間の距離が長い高圧電線に用いると、電線が大きくたわみ、冬になって雪が積もると重さで断線してしまいます。

そこで、高圧線には軽くて伝導性の高いアルミニウムAlが用いられます。さらに重さを軽くするため、被覆しないこともあります。最近の釣竿は炭素繊維製の物が多く、炭素繊維は電気を通します。この様な釣竿で高圧線に触れると感電死する可能性があります。

SECTION 23

金属光沢と色彩

金は金色に輝き、銀やプラチナは銀色に輝き、銅は赤く輝きます。金属が輝く理由は先に見たように、金属の自由電子は相互反発の結果金属塊の表面に集り、それが光の光子を反射するからです。

それならば、金属は鏡のように全ての光を反射して無色(銀色)に輝くはずです。色が着くはずはありません。金属の色はどのような理由で着くのでしょうか？

光の色彩と波長

光は電波やX線と同じ電磁波の一種です。電磁波は光子と言う微粒子の集まりですが、光子は特別の粒子で、波の性質も持っています。波には波長がありますが、電磁波のエネルギーは波長に反比例します。つまり、X線のように波長が短いものは高エネルギー、電波のように波長の長いものは低エネルギーです。

人間の眼は電磁波をキャッチするセンサーですが、キャッチできる波の波長域が限定されています。それは４００～８００㎚という狭い領域に限られており、これを可視光線といいます。この波長帯のうち、短波長の光（高エネルギー）を青く、長い波長の光（低エネルギー）を赤く感じます。

可視光線の光をプリズムで分光すると虹の七色になり、この七色を混ぜると色の無い白色光になります。

●反射と輝き

グラフはいろいろな金属が反射する光の割合を

●電磁波の種類

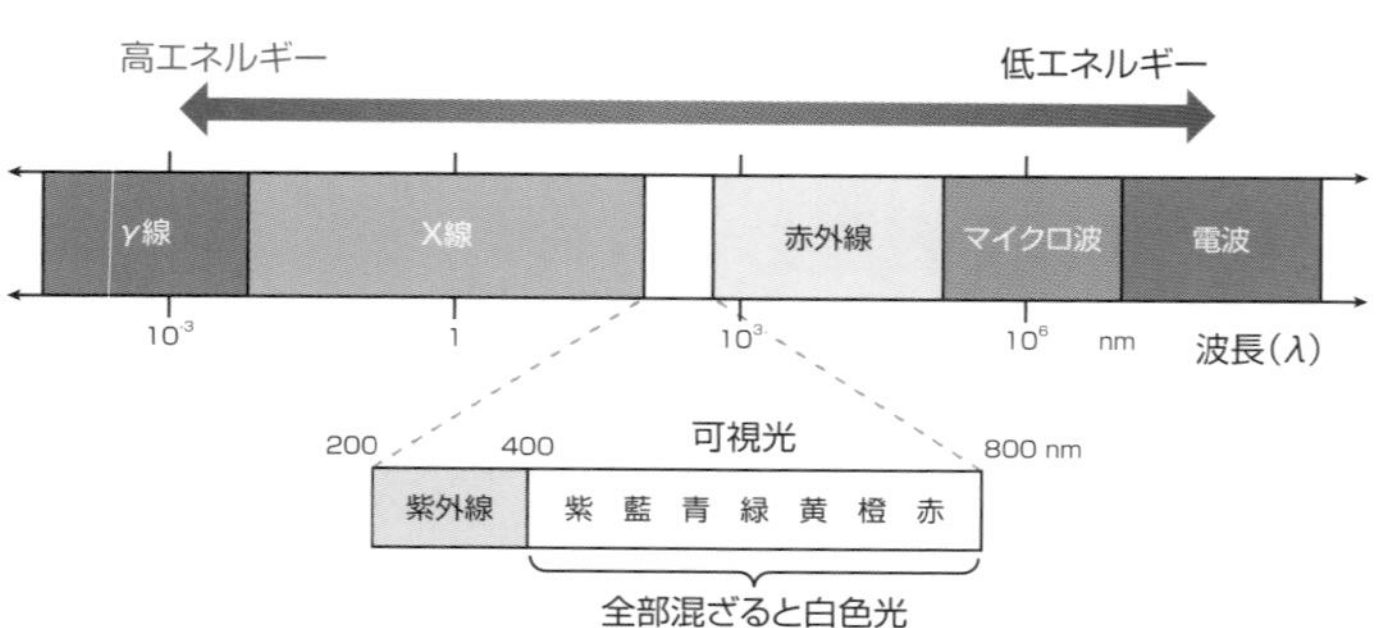

波長ごとに示したものです。銀とアルミニウムは可視光の全範囲(400〜800nm)にわたって高い割合で反射しています。ですから、これらの金属は鏡のように無色(銀色)に光っているのです。鉄も全可視光範囲で反射していますが、反射の割合は低いです。鉄の輝き具合が低いのはこのような理由によります。

しかし、金では藍から緑の領域にかけての反射の割合が低いです。そのため金の反射光では反対の黄や橙の色が強調される結果、金色に見えるのです。同様に銅の場合は赤が強調される結果になります。

●金属の反射率

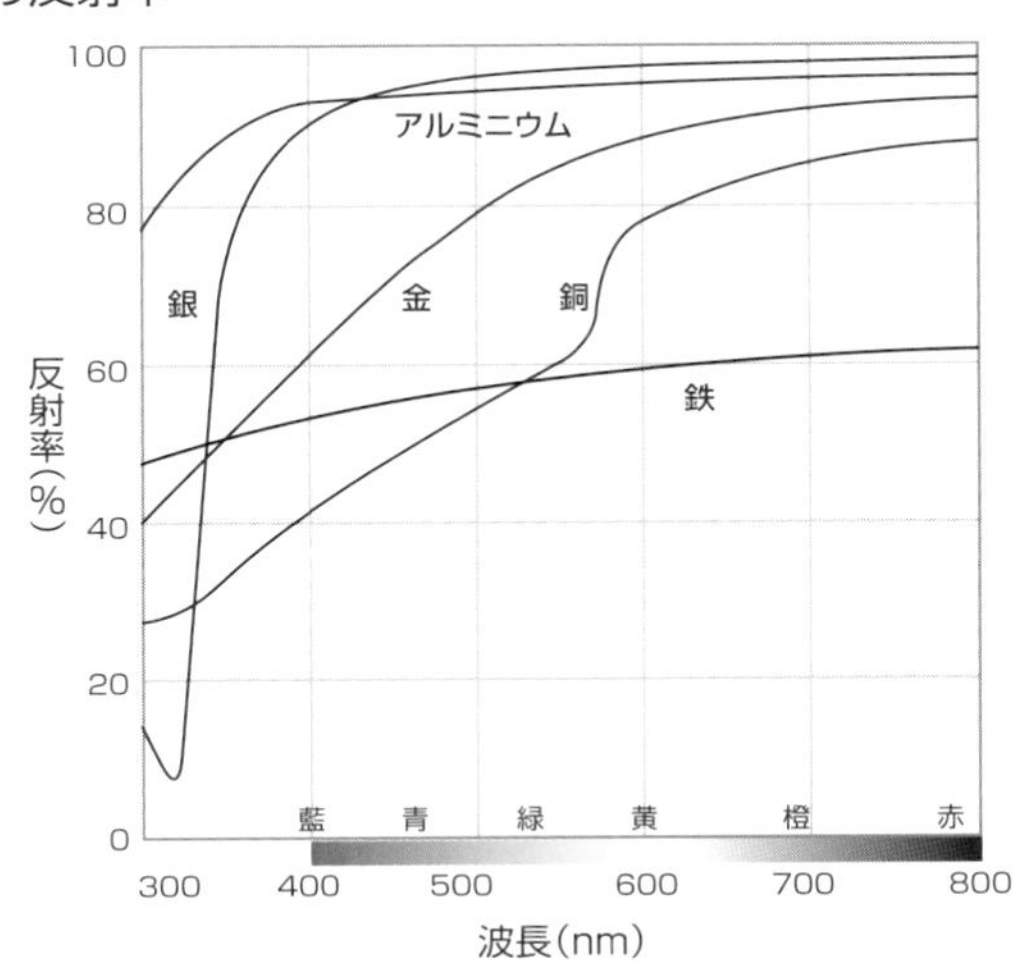

図は色相環と言われるものです。これは白色光からある色の光が除かれたら、残りの色は何色に見えるのかを表したものです。例えば青緑の色が除かれたら残りは赤に見えます。この時、赤を青緑の補色と言います。同様に青緑は赤の補色でもあります。つまり、金の反射光には藍、青紫の成分が少ないのです。そのため青紫の補色である黄色(金色)に見えるというわけです。同様の理由で銅は赤く見えるのです。

●色相環

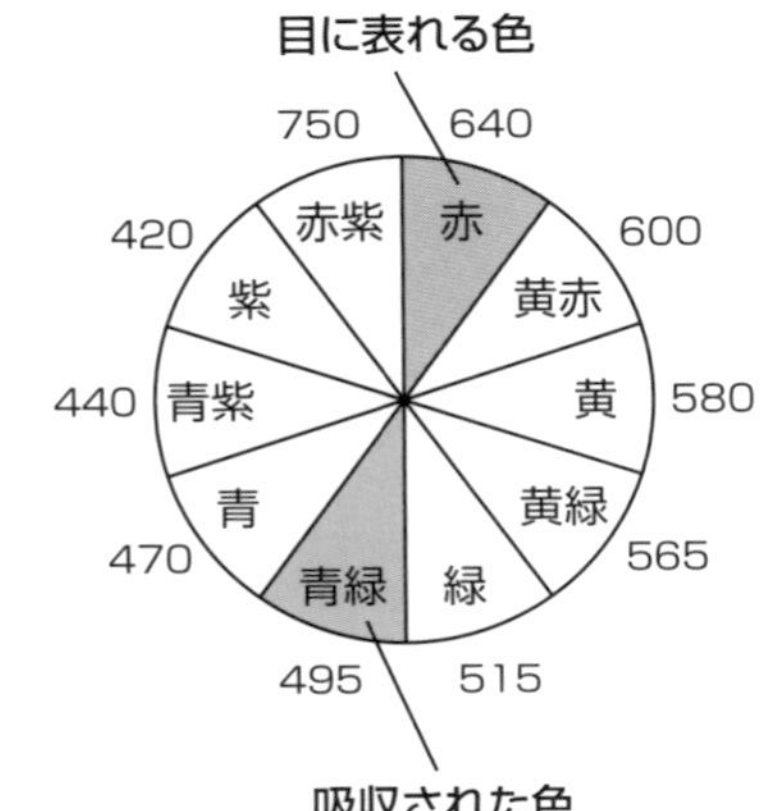

浸透と透明

反射されなかった光は金属の中に浸透し、最終的には電子に吸収されて熱になります。しかし、金属が薄い場合には金属を素通りして裏側に抜けます。つまり透明になります。金箔を透かして外界を見ることが出来るのはこのような理由によるものです。ただし、金の場合、反射されずに素通りできるのは藍や青の光ですから、金を透かして見える外界は青く色づくことになります。

最近の薄型テレビや携帯電話などの画面は、表面全体を電極が覆っています。つまり、私たちは電極を透かしてその中（奥）にある画面を見ているのです。もし電極が普通の金属電極なら、画面は電極に遮られて見えるはずがありません。それが見えるのは電極が透明電極と言う特殊な電極だからなのです。

これはガラスに酸化インジウムIn_2O_3、酸化スズSnO_2を真空蒸着したものです。真空蒸着と言うのは金属を真空容器に入れて加熱して気体にし、そこに冷たいガラス板を入れるとガラスの表面に金属気体が凝縮されると言う現象です。金属の結露とでも言えば良いでしょうか。

●真空蒸着

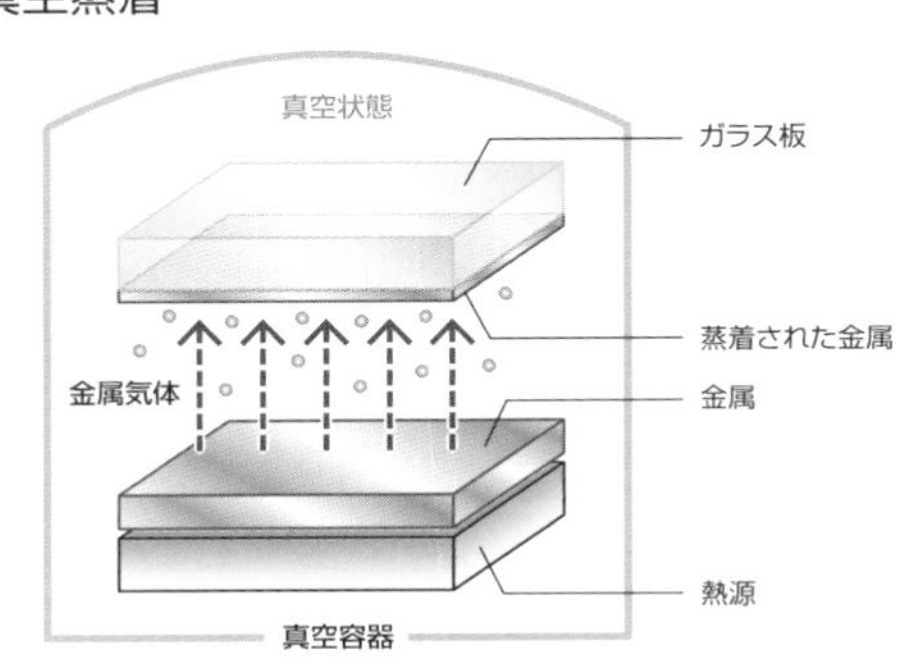

金合金

先に見たように金は大変軟らかい金属です。純度の高い金は軟らかすぎて加工がしにくく、加工しても変形したり、傷がついたりといろいろの不都合が生じます。また、金は大変に高価です。このようなことを一挙に解決するのが金に他の金属を混ぜる合金です。

金合金の性質

一般に18K以上の純度を持つ金は、酸化、硫化、腐食にきわめて強く、王水などの特殊な化学薬品以外には溶けることも錆びることもありません。ですから純度の高い金の場合は長い時間を経ても変化することはありません。

ただし、合金にして他の金属を混ぜると、その金属が変化したり腐食したりすることが起きてきます。特に銀は硫化に弱いため、銀成分の多い金合金ほど黒ずみがおきる可能性があります。亜鉛やニッケルも同様で、得に高湿度の環境では硫化が速く進みます。

金合金の色

金合金に含まれる金属は、銀と銅が大部分です。しかし、混ぜる金属の種類と割合によって金合金の色が変化します。そのため、微量成分として銀、銅以外の金属を混ぜることもあります。なお、金合金に混ぜる金以外の金属を「割り金」と呼ぶことがあり、金合金の色は、この割金の比率でさまざまに変化します。

主な金合金の成分とその色は次のとおりです。

❶ イエローゴールド

金に銀と銅を混ぜて作られます。純金より黄色く見え、華やかな感じなので男性用の喜平ネックレスなどにも使用されます

❷ピンクゴールド

金に銅と銀、パラジウムなどを混ぜて作られます。ロゼのシャンパンのような高級感と、温かみのある色合いです。

❸グリーンゴールド

金と銀の合金で、「青金」とも呼ばれます。ハワイアンジュエリーなどでよく使用され、澄んだ落ち着いた色が魅力的です。

❹レッドゴールド

金と銅だけの合金でピンクゴールドより赤身が強く「赤金」とも呼ばれます。

❺ホワイトゴールド

プラチナに似た色です。ニッケル系とパラジウム系がありますが、ニッケル系には、銅と亜鉛も混ぜられ、パラジウム系には、銀と銅が混ぜられます。宝飾として身に着ける場合には金属アレルギーを起こしやすいニッケル系は避けられます。パラジウム系はソフトホワイトゴールドとも呼ばれます。その他の金合金の成分の組み合わせは下表のとおりです。

コラム オリンピックのメダル

オリンピックでは1位、2位、3位の選手にそれぞれ、金メダル、銀メダル、銅メダルが渡されます。この金メダルに関して、以前は規約がありました。純度92・5%以上の銀(スターリングシルバーまたはブリタニアシルバー)製メダルの表面に6g以上の金メッキしたものということです。しかし、2004年度版以降の憲章からは、この記述は削除されました。したがって現在では純金総無垢の金メダルも可能ということです。

●色別に分けた金合金の種類と成分

金の種類	成分の組み合わせ例
イエローゴールド	金 ー 銀 ー 銅
ピンクゴールド	金 ー 銀 ー 銅 ー パラジウム
グリーンゴールド	金 ー 銀
レッドゴールド	金 ー 銅
パープルゴールド	金 ー アルミニウム
ブルーゴールド	金 ー インジウム、金 ー ガリウム
ホワイトゴールド	金 ー パラジウム ー 銀、 金 ー ニッケル ー 亜鉛 ー 銅
ブラックゴールド	ホワイトゴールドの表面をメッキや着色、酸化等で黒色化

SECTION 25

金メッキ

メッキは適当な物体に金属の薄い皮膜を着ける技術です。安価な金属に貴金属の被膜をメッキすれば、安価な金属も貴金属のように見え、また、例えメッキされた貴金属でも貴金属の性質は持っており、錆びや腐食に強くなります。そのため、現代では多くの金属製品にメッキが施されています。

現代のメッキ

現代のメッキは例外を除けば全て電気メッキといって良いでしょう。例えば青銅製の仏像に金メッキするとします。この場合、仏像を陰極に繋ぎ、金塊を陽極に繋ぎます。両方を電解液に入れて通電すると、金は陽極に電子を渡して金イオンAu^+となって電解液に溶け出します。Au^+は電解質中を陰極に引かれて移動し、仏像に触れると陰極から電子を貰って金の金属Auとなって仏像に付着します。これで金メッキ完成です。この時間を長時間保てば厚くて丈夫なメッキ被膜ができるということです。

金メッキの場合には電解液として、金を融かす性質のある青酸カリ(シアン化カリウム)KCNや青酸ソーダ(シアン化ナトリウム)NaCNの水溶液を用いるとメッキがスムーズに進行します。

メッキは安価な金属に高価な金属をメッキするだけではありません。高価な金属製品を保護するためのメッキもあります。銀製品は空気中の硫黄分で黒色します。そこでそれを防ぐためにロジウムメッキをすることがあります。現代の私たちが銀の色だと思って見ている色は、実はロジウムの色かもしれません。

古代の金メッキ

奈良の大仏は天平の昔、752年に建造されました。その後何回かの戦火にあい、頭部は落ち、全身はブロンズの地肌が出てチョコレート色ですが、創建当時は金色に輝いていたと言います。全身金メッキされていたのです。

天平の昔に電気のあるはずがありません。どのようにしてメッキしたのでしょう？　メッキは電気が無くてもできます。鉄板に亜鉛Znをメッキしたものをトタンと言いますが、これを作る一つの方法は融点の低い（420℃）亜鉛を適当な容器に入れて融かします。その中に鉄板を入れて引き揚げると表面に薄く亜鉛がついてきます。この方法は現場ではドブヅケあるいはテンプラメッキと言われるそうですが、巧みな命名です。

天平のメッキはもっと化学的です。つまり、金アマルガムを用いるのです。金を水銀に入れると溶けてドロドロの泥状の金アマルガムとなります。これを大仏

●奈良の大仏

の全身に塗ります。その後、大仏の中に入って内部から炭火を当てて銅を加熱します。すると沸点の低い(357℃)水銀は揮発して無くなってしまいます。後に残った金をヘラか何かで擦って平らに磨けば完成です。

当時の記録によれば、このメッキには金9トン、水銀50トンが用いられたと言います。9トンの金は現在の価格で45億円です。現在の国家予算から見たら何ほどの額でもありませんが、天平の昔には大変な額だったことでしょう。

コラム 大仏様の毒

大仏様のメッキは完成したとは言うものの、完成していないのは廃棄物処理です。水銀は猛毒です。大仏様から揮発した水銀は水銀蒸気となって奈良盆地に立ち込めます。水銀蒸気は雨に溶けて地中に入り、地下水を汚染したことでしょう。

このように奈良盆地は空気も水も大地も水銀で汚染されたはずです。健康を害する人もたくさん出たのではないでしょうか？　中国の長安を模した大都会、奈良がわずか80年ほどで長岡京に遷都したのはこのようなことも理由の一つではないかと言われます。

東大寺では毎年3月に、二月堂と言うお堂で「お水とり」という行事が行われます。これは遠い若狭の国（福井県）から新鮮な水が送られ、それが二月堂の前にある若狭井に流れて来るので、それを汲んで仏様に備えるのだと言いう行事です。この行事では多くの僧が6ｍもあるような松明を持ってお堂を駆け巡ります（達陀の行法（だったんのぎょうほう））。勇壮で荘厳な行事です。

この行事の10日ほど前には福井県小浜市の神宮寺という神仏混淆のお寺で「お水送り」の行事が行われます。若狭の国は昔、水銀の産地として知られました。大仏様に使われた水銀もここから来たのかもしれません。お水送りは、有害な水銀を送った後に、それを清める清水を送ると言うような意味があったのかもしれません。

達陀の行法は「脱丹の行法」とも書くそうです。「丹」は「に」であり、昔の赤い顔料です。丹の成分は硫化水銀HgSで、水銀の原料です。つまり、「水銀の害から逃れる行」ととることもできます。いろいろのことを想像させる行事です。

SECTION 26

新しい状態の金

同じ水でも固体の水（氷）と液体の水では性質が随分違います。金属にも同じようなことが言えるようです。

金ナノ微粒子

10^{-3}mをミリメートル㎜、10^{-6}mをマイクロメートルμm、10^{-9}mをナノメートル㎚と言います。金属の塊をどんどん小さくして直系をナノメートルのスケールにしたものを金属ナノ粒子といいます。原子の直径が10^{-10}mほどですから、金属ナノ粒子を構成する原子数は数百個程度ということになります。最近、このような金属ナノ粒子が注目されています。

ナノ粒子になると金属の性質が大きく変化することが知られています。例えば、普通の金の融点は1063℃ですが、これを直径2㎚まで小さくすると融点が300℃になると言います。このように、ナノ粒子状態では物質固有の性質が劇的に変化するのです。

金のナノ粒子は各種の触媒作用を持つことが知られています。また普通の金は磁性を持ちませんが、ナノ粒子になると磁気が現れます。そのため、現在の数百倍・数千倍以上の記録密度を持つ次世代超高密度ハードディスク用の磁性微粒子材料として利用できるものと期待されています。

また、太さ1㎚、長さが~数十㎚程度の金でできたらせん状のナノワイヤは、電流を流しても熱を発生しません。そのため、将来のナノデバイス用電子回路の配線材料として期待されて

●白金ナノ粒子の化学現象の応用

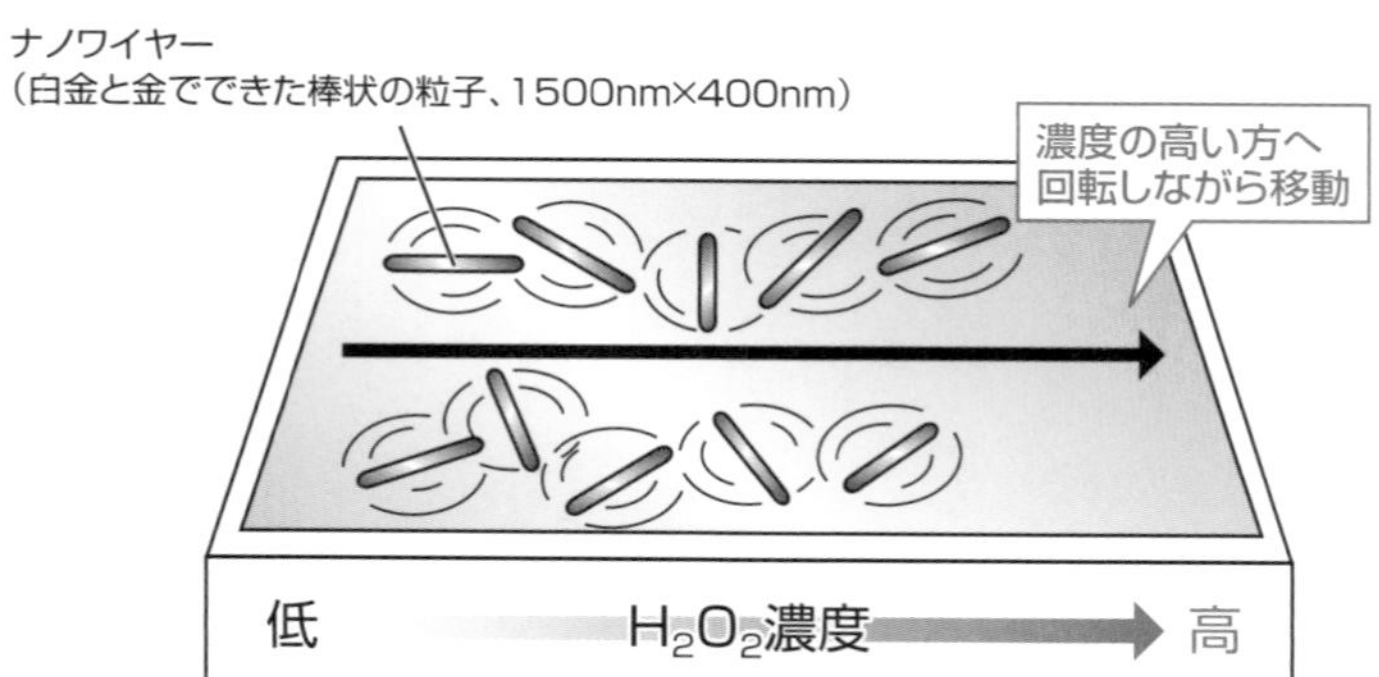

います。

他にも金とプラチナで出来た棒状の粒子（大きさ１５００㎚×４００㎚）を蒸留水に浮かべ、そこに過酸化水素水H_2O_2を加えると、粒子は回転しながら過酸化水素水濃度が高い方へ向かって移動します。これは濃度の違いと言う化学現象に基づくエネルギーを直接、動力に変換するものです。将来、ナノデバイス用のモーター開発に利用できるものとして注目されています。

アモルファス金

先に見たように固体金属は結晶の集まりです。しかし固体の中にはガラスのように結晶でない物もあります。この様な状態をアモルファスと言います。アモルファスを作るには、液体状態の物質粒子（原子、分子）に結晶状態に整列するための時間を与えずに、瞬間的に冷却して粒子の運動エネルギーを奪わなければなりません。

金属原子は運動が速くて、融点になると瞬時に結晶状態に積み上がるので、アモルファス金属を作るのは容易でなく、これまでにできたアモルファス金属は薄い箔状のものや、細かい粉末状のものだけでした。しかし、最近になって合金のアモルファス金属塊の作製に成功したとの報告があります。

アモルファス金属は、錆びにくい、硬度が高い、磁性を持つなど、普通の状態の金属とは異なった性質を持つことが知られています。将来アモルファス金も作成されるかもしれません。どのような性質を持つのか、楽しみです。

ちなみに、結晶とアモルファスの違いは小学校の子供たちに例えると良く分かります。水はすばしっこい子供たちです。机に行儀よく並んでいる授業中は結晶状態です。授業終了のチャイムが鳴ると一斉に机を離れてにぎやかに遊びだします。液体状態です。しかし、授業開始のチャイムが鳴ると一斉に机に戻って、元の結晶状態に戻ります。

しかし、水晶を作る二酸化ケイ素SiO_2はノロマです。授業開始のチャイムが鳴ってもなかなか元の机に戻れません。グズグズしているうちに温度が下がり、運動エネルギーが無くなって、教室のあちこちで止まってしまう状態になります。これがガラスであり、アモルファス状態です。

金属原子は水分子のようにすばしっこいです。だからアモルファス金属を作るのは大変なのです。

SECTION 27

金の化学的性質

金の特色はいくつもありますが、そのうち、最も良く知られているのが永久に輝き続ける、つまり錆びない、耐腐食性が強いということではないでしょうか?

耐腐食性

貴金属の特色は錆びないということです。しかし、錆びない金属は貴金属以外にもあります。家庭で使うナイフやフォークはステンレスという鉄でできています。ステンレスの「ステン」は「錆び」、「レス」は「少ない」という意味で付けられた名前です。ステンレスはその名前の通り錆びることなく、いつまでも銀色に輝いています。鉄なのになぜ錆びないのでしょう?

アルミニウムは非常に錆びやすい金属ですが、アルマイトにするとほとんど錆びることが無くなってしまいます。

ステンレスやアルマイトが錆びないのにはカラクリがあります。これらは実は「錆びてしまっている」のです。しかし、それ以上錆びることがない、というわけなのです。つまり、これらの金属の表面は錆で覆われているのです。ところがこの錆が非常に硬くて緻密であり、内部をしっかり守って、それ以上錆が内部に進行しないように護っているのです。この様な物を一般に不動態と言います。

アルマイトの成分は酸化アルミニウムAl_2O_3であり、ステンレスの成分は鉄の他に18％のクロムCrと8％のニッケルNiが含まれます。このクロムとニッケルの酸化物が不動態となって、主成分の鉄が錆びるのを防いでいるのです。

錆のメカニズム

しかし、貴金属が錆びにくいのは不動態のせいではありません。不動態ができるためには金属は錆びなければなりませんが、貴金属はそもそも錆びないのです。なぜでしょうか？　一般に錆びると言うのは金属が酸素Oと反応して酸化物になることを言います。鉄だったら一般に鉄サビと言われる酸化第一鉄FeOや酸化第二鉄Fe_2O_3になることです。しかし、銅が錆びて生じる緑青（ろくしょう）は酸化銅Cu_2Oや炭酸銅$CuCO_3$からできています。つまり、錆びると言うことは必ずしも酸素と結合することだけではないのです。問題はこれら錆の中にある金属がどのような電気的（電子的）状態にあるかということです。

錆の中にある金属の状態を見るとFeOでは2価の陽イオンFe^{2+}、Fe_2O_3では3価の陽イオンFe^{3+}、Cu_2Oでは1価の陽イオンCu^{+}、$CuCO_3$では2価の陽イオンCu^{2+}となっています。つまり、錆びると言うのは金属が電子を失って陽イオンになることによって生じるのです。一般に元素が電子を失う現象を酸化されると言います。反対に元素が電子を受け取って陰イオンになることを還元されると言います。したがって錆びると言う現象は酸化現象の一種ということができるのです。

イオン化傾向

元素には電子を放出して陽イオンになりやすいものと、反対に電子を受け取って陰イオンになりやすいものがあります。金属は電子を放出しやすい傾向を持っています。電子を放出して陽イオンになる傾向をイオン化傾向と言い、各種の金属でイオン化傾向を比較したものをイオン化列と言います。

イオン化列で左にある金属ほど陽イオンになりやすく、右にあるほど陽イオンになりにくいことを示します。つまり、イオン化列の右端にある金は陽イオンに非常になり難いことを意味します。そのため、金やその次のプラチナ、銀などは錆びにくいことになるのです。

●イオン化列

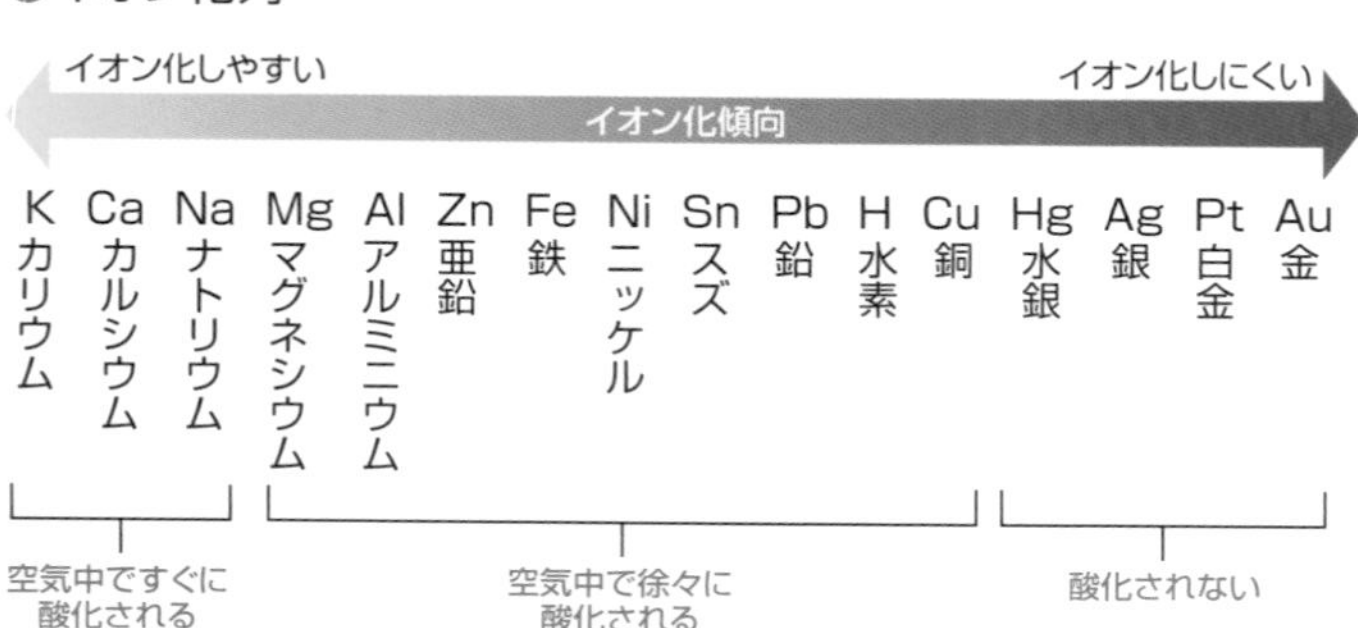

SECTION 28

溶解性

金は王水以外の何物にも溶けないと言われます。そんなことはありません。金を溶かすものは他にもあります。

金属の溶解

金属が水に溶けると言ったら驚かれるのではないでしょうか? 全ての金属どころか、全ての元素は水に溶けます。問題は濃度です。海水中の金の濃度は0・0005ppmほどと言われて非常に薄い濃度ですが、重量に直すと数百万トンにも数十億トンもなると言います。つまり、とんでもない重さの金が水に溶けているのです。

金は液体金属である水銀に溶けます。しかしこれは溶けると言うのではなく、混じると言った方が良いでしょう。金と水銀の混合物は液体ではなく、アマルガムという泥状の合金です。アマルガム中では金は金原子Auとして存在しているものと思われます。

しかし、一般に金属が液体に溶けるときには金属は電子を失って陽イオンである金属イオンとして溶けます。したがって、金属が溶けやすいかどうかは先に見たイオン化傾向で推し量ることができます。つまり、金やプラチナ、銀などの貴金属は非常に溶けにくいのです。

●王水

そのように溶けにくい金なのですが、王水には溶けると言います。王水と言うのは濃硝酸HNO_3と濃塩酸HClの1：3混合物です。なぜ金は王水に溶けるのでしょうか?

それは王水中では下式のような反応が起き、強力な酸化作用を持つ塩化ニトロシルNOClという酸化剤が作られるからです。この酸化剤が金から電子を奪って金を酸化し、金イオンAu^{3+}とします。

●王水

$$HNO_3 + 3HCl \rightarrow NOCl + Cl_2 + 2H_2O$$

また塩素自体も強力な酸化剤であり、結局下式のような反応によって金は塩化金酸エ[$AuCl_4$]となって王水に溶けるのです。

この反応が完結した後に、王水を除くと、固体が析出しますがそれは金色に輝く金Auではありません。オレンジ色の塩化金酸水和物エ[$AuCl_4$]・2H_2Oです。つまり、王水の中に溶けているのは金そのものではなく、塩化金酸と言う化合物なのです。

このように金属イオンが他のイオン(今の場合は塩化物イオンCl^-)あるいは分子と反応してできた複合分子を一般に錯塩(さくえん)あるいは錯イオン、錯体と言います。

白金の場合も同様であり、塩化白金酸エ$_2$[$PtCl_6$]となって溶けます。

●金と王水の反応

$$Au + NOCl + Cl_2 + HCl \rightarrow H[AuCl_4] + NO$$

$$Pt + 2NOCl + Cl_2 + 2HCl \rightarrow H_2[PtCl_6] + 2NO$$

金を溶かす物

金は王水以外にも溶けます。代表的な物は先に見た青酸カリ(シアン化カリウム)KCNあるいは青酸ソーダ(シアン化ナトリウム)NaCNの水溶液です。

これらの水溶液中にはシアンイオンCN^-というイオンが存在します。これが金と反応してシアン化金イオン$[Au(CN)_2]^-$となって溶けます。

シアン化金イオンも錯イオンであり、この場合に金イオンAu^+と結合しているのはシアンイオンCN^-です。また、金はヨードチンキにも溶けます。ヨードチンキの中には三ヨウ化物イオン I_3^- が存在し、これが金と反応して最終的にヨウ化金酸イオン$[AuI_4]^-$として溶けます。

●金と青酸カリ(シアン化カリウム)の反応

$$4Au + 8KCN + O_2 + 2H_2O \rightarrow 4K[Au(CN)_2] + 4KOH$$

●金とヨードチンキの反応

$$I_2 + I^- \rightarrow I_3^-$$
$$2Au + I_3^- + I^- \rightarrow 2[AuI_2]^-$$
$$[AuI_2]^- + I_2 \rightarrow [AuI_4]^-$$

SECTION 29

化学反応

イオン化傾向の低い金はイオン化することがほとんどなく、そのため反応することもほとんどありません。金の関与する反応は前項で見た金の溶解に関するものがほとんどです。

金の反応

金は非常に反応性が低いことで知られますが、反対にフッ素Fは反応性が高く、ほとんど全ての元素と反応することが知られています。ということになると、「全ての盾を切り裂く矛」と「全ての矛から身を護る盾」の例えで知られる「矛盾」ではないですが、金とフッ素は反応するのかということが気になります。

答えからいうと両者は反応します。生成物は3種あります。フッ化金AuF、三フッ化金AuF_3、五フッ化金AuF_5です。フッ化金は非常に不安定であり、単体として取り出すことはできません。三フッ化金も不安定で、分解してフッ素F_2を発生するので強力なフッ化剤として反応に利用されます。

実はフッ素を持ち出すまでも無く、金は他のハロゲン元素と反応します。塩素Cl_2と反応して塩化金AuCl、三塩化金$AuCl_3$、八塩化二金Au_2Cl_8を与え、臭素Br_2と反応すると六臭化二金Au_2Br_6をあたえることが知られています。

●金イオン、金化合物の安定性

化合物中での金の安定な原子価は+1、Au^+と+3、Au^{3+}です。しかし、水溶液中においてはAu^+やAu^{3+}などの単純なイオンは安定でなく、$[Au(CN)_2]^-$などのように他のイオンや分子などと反応して錯体として存在します。

AuClなど1価の金化合物はシアノ錯体を除いて一般的に水溶液中で不安定であり、式のように反応して3価の金イオンと金属金Auになります。このように、2個の金属イオンが反応して価数の異なる2個のイオンになる反応を一般に不均化反応と言います。この反応では2個の1価金イオンAu^{+}が1個の3価金イオンAu^{3+}と0価の金属金Auになっています。

金化合物は一般的に不安定であり、光の作用によって分解し、単体の金を遊離することがあります。合金中においては、金はイオン化したとしても直ちに他の金属によって還元され、添加された金属だけが酸化されます。このことも「金は安定的」と言われる原因なっているものと思われます。

●金化合物の水溶液中での反応

$$3AuCl + H_2O \rightarrow H[Au(OH)Cl_3] + 2Au$$

触媒作用

最近、金の示す触媒作用が注目されています。一般に触媒作用というのは、反応の前後を通じてそれ自身は変化しないのに、反応速度を速めるものと考えられています。

触媒

触媒の作用はそれだけに留まりません。触媒が無ければ進行しない反応もあるのです。現代の化学反応において触媒は最も重要な物と言って良く、それだけに触媒の研究、中でも新しい触媒の発見は注目されています。

その様な中で金も調査研究の対象になってきました。しかし普通の状態の金を用いた研究では、目新しい反応や触媒作用は発見されませんでした。ところが特殊な状態の金では触媒作用があることがわかったのです。それは先に見た金ナノ粒子、つまり金原子数百個からなる微小粒子による働きです。

金ナノ粒子

金ナノ粒子を用いると一酸化炭素をマイナス78℃という低温下でも二酸化炭素に酸化できるということが見出されました。次いで酸素水素混合ガスを酸化剤に用いるとプロピレンを選択的にエポキシ化できるという発見がなされました。それ以来一転して金触媒ブームが巻き起こりました。

現在では環境浄化作用も見いだされ、公害物質で有名なダイオキシンの酸化分解、排気ガスになどに含まれるNOxの還元除去、空中や水中の悪臭物質の分解、揮発性有機物の分解などにも有効なことが確かめられています。

SECTION 31

薬理活性

反応性の低い金は生体に作用することもありません。つまり毒にも薬にもならないのです。お正月に金箔を浮かべたお酒を飲む方もおられるでしょうが、言っては何ですが、何の役にも立ちません。

●何の役にも立たないことによる作用

生物に何の作用も示さないと言うのは、それはそれで重要な特性です。走査型電子顕微鏡で細菌を観察する場合、細菌そのものを撮影したのでは映像が明瞭にならないことがあります。その様な時に、細菌に適当な物質を塗ります(コーティング)が、そのコーティング材として金が用いられています。金によって細菌が何の影響も受けないため、細菌のあるがままの状態を観察できるためです。

金は歯科の治療に用いる歯冠として古くから利用されています。かつては金歯や金パラ（金銀パラジウム合金、銀歯の一つ）として使われていましたが、現在はコバルト・クロム合金やセラミック材料などのより安い素材に置き換えられつつあり、世界的に金の使用は減少しているようです。

針灸療法において、金を含む材質のハリが用いられています。しかし、一般的なステンレス製のハリに比べて高価なため、金のハリを使うのが効果的とされる特異な症状に対して、コスト面で折り合いがつく場合に限って用いられています。

金の治療薬

1890年、結核菌やコレラ菌などの発見で知られるロベルト・コッホは金シアン化合物が、結核菌の増殖を抑えることを発見しました。それを契機に金チオ硫酸ナトリウム、金メルカプトベンゾールなどが、結核の治療薬に用いられました。

しかしやがて、それまで結核の一症状と考えられていたリウマチが、実は別の病気であることが判明したことから、金化合物が見直されました。それ以来、1960年頃までに主にヨーロッパでリウマチ治療薬として金チオマレイン酸ナトリウム、金チオリンゴ酸ナトリウム、金チオグルコースなどが開発されました。

これらが自己免疫疾患を抑えるのに有効である判明してからは、副作用を抑えたリウマチ性関節炎に有効な治療薬(ミオクリシン、オーラノフィン等)も開発されました。

金製剤の作用機序は解明されていませんが、金製剤が細胞内に取り込まれると、炎症を引き起こす酵素の分泌が抑制され、腫れや痛みが軽減するものと考えられます。ただし効果があらわれるには数カ月を要することもあるといいますから、気の長い治療が必要となりそうです。

金中毒

基本的に金は生物にとって無益無害と考えられます。とはいうものの、金によるアレルギーや中毒が全く無いわけでもないと言います。しかし、金アレルギーの大部分は、金そのものによるアレルギーではなく、金合金に含まれる割金、特にニッケルによるものと言います。

ニッケルによる金属アレルギーは要注意です。ステンレス製の眼鏡によるアレルギーもステンレスに含まれるニッケルのせいです。

金で中毒になるほど金を大量に食べる人はいないでしょうが、リウマチなどで金製剤を服用している患者さんには可能性があります。服用によってかゆみやタンパク尿、肝障害などがあらわれることがあるため、定期的な検査が必要と言います。

SECTION 32

微生物と金

オーストラリアのアデレード大学の研究者たちは将来的に「金塊工場」になるかもしれない微生物を発見したと言います。自然界では、金は地球化学的な風化作用によって、地表や堆積物、水路の中に入り込み、最終的に海に行き着きます。しかし微生物の中には、金が含まれた鉱石から金を溶かし出し、純金の小さな金塊へと濃縮することができるものがいます。オーストラリアの研究者たちは、この微生物がどのように金を変化させるかを解明しようと研究してきた結果、この変化がわずか数年から数十年で起こることがわかったのです。オーストラリアのウェスト・コースト・クリークで収集された金を分析して微生物が行う生物化学的プロセスを調べたところ、そのプロセスが3・5〜11・7年と非常に短い時間で起こることがわかったといいます。

この微生物を用いれば、金の採掘プロセスの効率化や、電子機器廃棄物から金を抽出するメカニズムをよりシンプルにすることが可能となります。

Chapter.4
金と宝飾

金単体の造形

金は美しくて貴重で高価なことから、多くの置物、宝飾品あるいは工芸品、金貨として加工されます。それらの中には、金だけで独立した作品になっている物もあれば、他の素材と一体となって1個の完成した作品となっている物もあります。

●鋳造

金だけで製品を作る場合に基礎となるのは鋳造(ちゅうぞう)です。鋳造と言うのは鋳型の中に融けた金

●鋳造

の液体を注ぎこんで作るものです。鋳造には鋳型の種類によって砂型、金型、蝋型などがあります。

❶砂型鋳造

鋳型を砂と粘土の混合物で作る方法です。安価な方法ですが、鋳型は基本的に1回しか使えないので、大量生産には不向きです。

作り方は次の通りです。まず、砂と粘土の混合物で鋳型の外型を作ります。この型は製品と凸凹が逆になっています。できた外型の内部に内型を組み込みます。この外型と内型の間の隙間が製品の厚さになります。

出来上がった型の隙間に融かした金を流し込み、金が固まった段階で鋳型を壊して製品を取り出します。

❷金型鋳造

鋳型を金属で作った鋳造法です。何回でも使えるので大量生産に向きます。

❸蝋型鋳造

精密な製品ができるので工芸品の作製に用いられます。まず石膏で適当な大きさ、形の内型を作ります。それに適当な厚さの蜜蝋を塗ります。この蜜蝋の層を彫って作品の原型を作ります。この蝋の原型がそっくりそのまま製品の形になります。原形が出来たらその上に水で溶いた石膏を塗って固めます。固まったら石膏作品を加熱します。すると蜜蝋は融けて石膏に吸収され、蜜蝋の厚さの隙間ができます。この隙間に熔融した金を流し込めば出来上がりです。蝋型鋳造は製品の肌が美しくなるので、高級工芸品に用いられる技法です。

鍛造

金の板を叩いて形作る方法です。大量生産はできませんが、一品生産を丁寧に作るには向いている方法です。鉄のような固い金属には応用できませんが、銅程度の硬さなら十分に対応できます。金属が固い場合には加熱した後に冷やすことで、焼きなまして軟らかくしてから叩きます。

古代の製品の多くはこの方法で作られたものです。

彫金

金板の表面にタガネと槌で文字や絵を彫る技術です。髪の毛のように細い線を彫った物は特に毛彫りといわれます。

粒金(グラニュレーション)

微小な金の粒を金の板の上に溶着する技術をグラニュレーションと言います。エトルリアの金細工などに良く用いられる技法です。精緻な物では金粒の直径が0・18㎜のものもあると言います。

粒状の金を作るには金の針金を直径の長さに切り、それを素焼き板の上に置いて加熱します。すると融けた金が転がって自ら球状に成形されます。この金粒を金の板に接着するときは、板と金粒の純度を違えておきます。板にフラックスを塗ってその上に粒金を並べます。その後全体を加熱すると純度によって融点が異なるので、どちらかが溶けて粒金が溶着されます。

●象嵌（ぞうがん）

金属の表面にタガネで溝や窪みで絵や文字を彫り、そこに金を置いて槌で叩きます。すると金は柔らかいので溝や窪みに埋め込まれて模様の形に広がり、固定されます。

特殊な象嵌法として布目（ぬのめ）象嵌という方法があります。これは鉄などの表面に刃先が薄くて（鋭い）広いタガネで、縦横に布目状に浅い溝を刻みます。そこに花や

●象嵌（ぞうがん）

昆虫など、望む形に裁断した金の薄板を置き、薄板が変形しない程度に槌で叩きます。金は軟らかいので、薄板の下面が布目の溝に埋め込まれて固定されます。

この象嵌法は、日本では熊本で発達したので肥後象眼ともいわれ、刀剣の拵えの装飾に良く用いられました。

刀剣の装飾

刀剣は多くの場合、実際に物を切る刀身、握る部分の柄（つか）、刀身を覆う部分の鞘（さや）、それと柄と刀身の間に挟んで、柄を握った手が滑って刀身に行くことを避ける鍔（つば）からできています。これらをまとめて刀剣の拵（こしら）えと言います。

日本刀の拵えは、柄は木で作り、多くの場合サメカワ（エイの皮）を巻き、その上に鉄に金象嵌して作った目貫（めぬき）を置いて紐で巻きました。鞘は木で作った物に漆を塗って固め、その上を蒔絵などで飾りました。鍔は鉄板に透かし彫りを施し、金や銀を象嵌しました。さらに柄と鞘の先端部は鍔と意匠を揃えた象嵌で飾るというように、日本刀は一個の総合美術品となっていました。

SECTION 34

金と漆

日本では漆(うるし)という樹木の樹脂を木材の表面に塗って固める漆塗りが発達しました。この漆塗りと金工芸が一体となって独特の加飾技術が発達しました。

金箔貼り

板の表面に漆を塗り、その漆が乾かないうちに金箔を貼って固定します。金閣寺や秀吉の金の茶室は壁も柱も天井も、全てこの技法で加飾されました。

金箔は薄いので、板面だけでなく、彫刻の表面にも同じようにして貼ることができます。つまり、彫刻の表面に漆を塗り、金箔を置きます。脱脂綿などで押し付けると金箔は彫刻に密着して接着されます。余分の金は脱脂綿で除きます。金箔貼りは金の輝きがそのまま出るので、きらびやかな風合いがあります。

蒔絵（まきえ）

生地に漆を塗りその上に金粉を撒き、その後また透明漆を塗って、最後に表面を木炭の粉、鹿の角の粉、トクサなどで擦って滑らかにしたものです。金の粒の大きさなどでいろいろの種類があります。

❶沃懸地（いかけじ）・金粉塗り

金の粉を塗ったものです。金粉は、先に見た金箔を乳鉢などに入れて乳棒ですり潰して作ります。この際、日本の伝統工芸では、金粉が飛び散らないように乳鉢に水飴を入れて擦ったと言います。後で水洗いして水飴を除きます。

お椀などの木製品に漆を塗り、そこに一面に金粉を塗り、その上から更に透明漆を塗ります。乾いたら木炭の粉などで表面を磨いて完成です。金粉

●蒔絵

を漆などに溶いて金泥とし、筆で文字や絵を描くこともあります。

❷金梨地（なしじ）塗り

金塊を適当な鑢（やすり）でおろして粗目の金粉（梨地粉）を作ります。木製品の表面に漆を塗った後、梨地粉を撒きます。その上を透明漆で塗って固めます。

❸高蒔絵（高台寺蒔絵）

生地に漆を塗った後に模様に沿って漆を塗り重ね、高低を付けます。高い部分にだけ金粉を撒く技法です。秀吉の正妻だった寧々の菩提寺である高台寺に多用された技法なのでこの名前があります。

❹平文（ひょうもん）塗り

適当な大きさ、形に切り取った金板を生地に漆で接着し、その上から一面に不透明漆を塗ります。漆が乾いたら木炭などで磨いて（削って）金属面を露出します。好みで金属に彫金を施します。

❺ 沈金（ちんきん）

生地に不透明漆を塗って乾かした後、漆面に刀で線を彫ります。その線に沿って金箔を置き、擦って線に金箔を沈めます。鋭い線が特徴の技法です。

初音（はつね）の調度（ちょうど）

日本の漆工芸、金工芸の頂点を極めたと言われるのが初音の調度、全70点です。これは１６３５年、三代将軍徳川家光の長女、千代姫が三歳で尾張徳川家の二代光友にお嫁入りした時の調度品です。女性の日常生活に使うさまざまな調度品、全70点が源氏物語の「初音の帖」に題材をとった意匠で統一されて装飾されています。技法はおもに高蒔絵ですが漆工芸の全ての技法が総合されています。

その意匠の優雅さ、３００年経った今もほとんど傷んでいない堅牢さ、そして何よりもその技法の高さと確かさは、日本の全工芸のトップをゆくものとされています。全点一括して国宝に指定されています。

SECTION 35

金とガラス

ステンドグラスは言うまでもなく、ベネチアグラスや沖縄グラスなどの着色ガラスには息をのむほど美しい物があります。

金属と着色ガラス

着色ガラスには二種類あります。一つはステンドグラスの人物の顔や衣服のひだなどの陰影のある部分です。あのような部分はガラスにエナメルなどの顔料で絵を描き、それを加熱して焼き付けた物です。

それに対して、顔料による着色のされていない着色ガラスがあります。典型的なのは透明な色ガラスです。ベネチアグラスの絵以外の部分や沖縄グラスの全部分などもそうです。これらの着色ガラスはガラス自身が色を持っている特殊ガラスです。

この様なガラスはどのようにして着色されているのでしょうか？ それはガラスに溶けた金属の影響によるのです。ガラス内の金属が溶けるとその金属特有の色が出ます。それは表に示したとおりです。

金属の溶けたガラスの着色は、「①金属イオンによる場合」「②金属コロイドによる場合」の2種類があり、金属イオンによるものがもっとも一般的ですが、金などの貴金属による場合は金属コロイドによる着色となります。

●金属の溶けた着色ガラスの種類

色	着色剤
紫	マンガン+銅、コバルト
青	コバルト、銅
緑	クロム、鉄、銅（緑系統の色はクロムが一般的）
緑（蛍光）	ウラニウム
黄	銀、ニッケル、クロム、カドミウム
茶	鉄+硫黄（還元剤として炭素を一緒に使う）
黄赤	セレン+カドミウム
赤	金、銅、コバルト、セレン+カドミウム
赤紫	ネオジム、マンガン
黒	濃い色を出すいろいろな着色剤を混ぜ合わせる（マンガン、クロム、ニッケル、コバルト、鉄、銅）
乳白	フッ化カルシウム、フッ化ソーダ、リン酸カルシウム

●コロイド

先に金属が水に溶ける時には、金属原子は電子を失って（酸化されて）金属イオンになっていることを見ました。しかし、金が溶けるときにはもう一つの溶け方があります。それはコロイド溶液になることです。

コロイド溶液と言うのは非常に小さなコロイド粒子が溶けた溶液の事を言います。牛乳は典型的なコロイド溶液です。牛乳にはタンパク質や脂肪など、普通の条件では水に溶けない成分が溶けています。それはタンパク質や脂肪がコロイド粒子となっているからです。

コロイド粒子は、小さいとは言っても、何千個もの分子、原子が集まった粒子です。金で言えば、先に見た金ナノ粒子の大きさです。この様な大きな粒子が沈むことなく、重力に逆らっていつまでも水中を浮遊し続けることができるのは、全てのコロイド粒子がプラス、マイナスのどちらかの同じ電荷を担っているからです。そのため、コロイド粒子は静電反発のために互いに近寄ることができず、いつまでも浮遊し続けているのです。

金コロイドと着色ガラス

金の粒子がどんどん小さくなると、どうなるでしょう。金の電子は金属結合の自由電子として、金の粒子内を自由に動いていますが、粒子が小さくなって動ける場所が狭くなると、粒子の表面だけで動くようになります。

普通の状態では、金属の電子は光のエネルギーを吸収することはないのですが、ナノ粒子の表面だけで動いている電子では、光のエネルギーを吸収するようになります。

グラフはこのような金ナノ粒子が吸収する光の波長を表したものです。このグ

●金ナノ粒子が吸収する光の波長

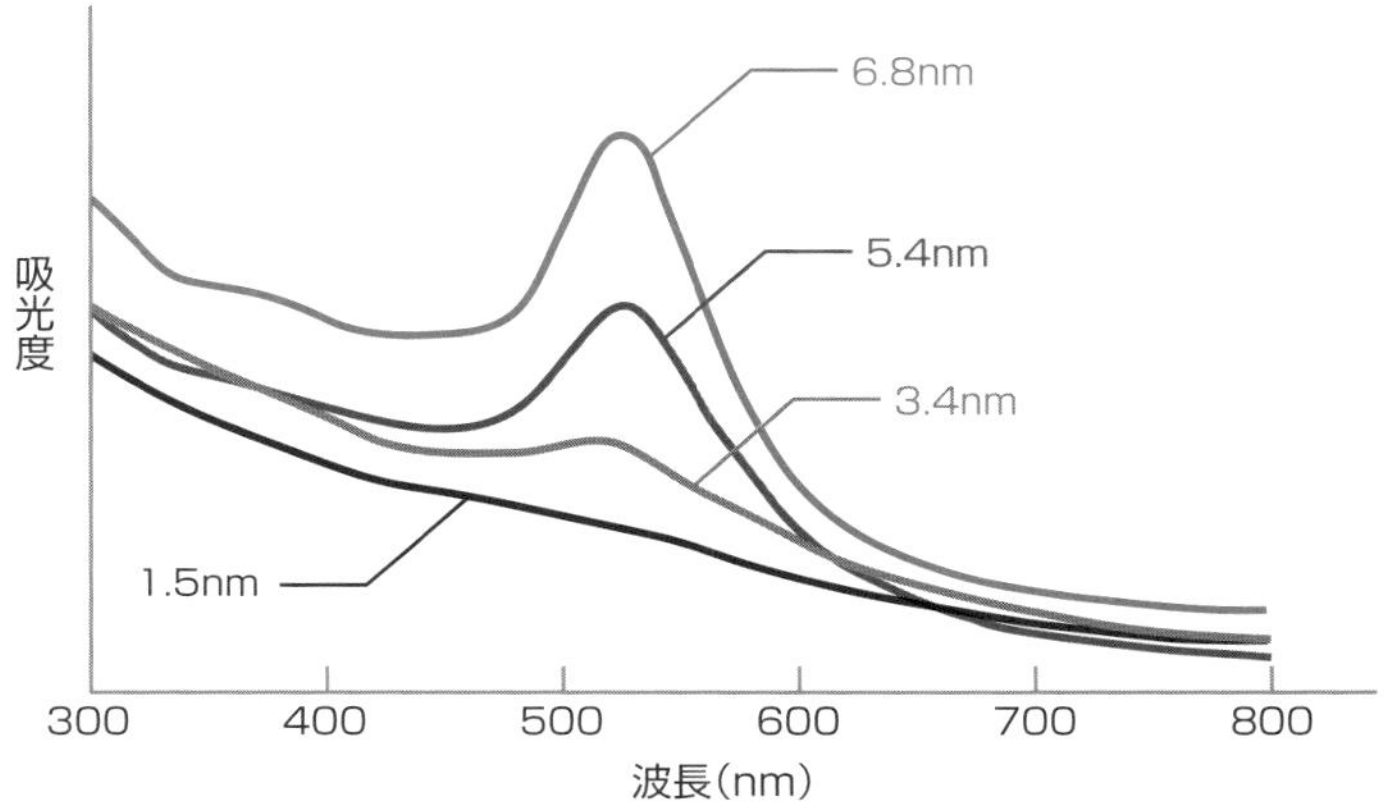

ラフによると粒子直径が1・5nmと小さい場合には目立った吸収極大はありません。短波長領域に徐々に大きくなっているだけです。この結果を先に見た色相環と見比べれば、多少薄黄色に色づくか、という程度でしょう。

ところが粒子径が3nmを越えると530nm近辺に大きな吸収極大が現われます。この領域は緑の領域です。ということは溶液の色は赤くなるということです。

●赤色ガラスの作り方

このような理由によって金がコロイドとなって溶けたガラスは赤く見えるのです。実際にこのようなガラスを作る場合には、金を王水に溶かして使います。あるいはあらかじめ反応させて作った塩化金酸$HAuCl_4$を使用する場合もあります。

このようにして作った金赤グラスはワイン・レッドのような少しだけ青みを帯びた鮮やかな赤を与えます。しかし美しく発色させるのは非常に難しく、溶融条件や成形した時の温度具合（いったん冷やしてまた加熱する）で色が変化したりします。また、使用する原料も金だけでなく、酸化第一錫SnOを添加するなど、作成者のノウハウになっている部分もあるといいます。

コラム ステンドグラスの発展

ステンドグラスは19世紀末、一般にアールヌーボーと言われる時代に大きく変化しました。それはルイス・ティファニーと言う天才が現われたからです。

彼はそれまでの透明着色ガラスにエナメルを焼きつけると言う技法を大きく変化させせました。ガラスに金属だけでなくホウ酸等、各種の不透明物質をまぜてガラスの表情を多様化させ、更に混合物を

●ステンドグラス

ガラス中で結晶化させることによって、宝石のオパールのような干渉色を出すことに成功しました。

また組み立ても、それまでの幅の広い鉛製のケーム（桟）に代わって細い銅箔に糊を付けた銅テープとハンダを用いた方法を考案しました。これによって数ミリ角のガラス片をも組み立てることが可能となり、ステンドグラスに細密表現の道が開けました。現代のステンドグラスはティファニーの道の上を進んでいるのです。

SECTION 36

金と焼き物

一般に焼きものと言われる物には焼成温度の低い陶器と高い磁器があります。磁器には精巧な絵付けを施した上に金を効果的に使った金彩と呼ばれる物があります。この金彩はどのようにして作るのでしょう?

顔料

磁器に金を付けるための顔料に相当する物には次の三種類あります。金液、金粉、金箔です。

❶金液(水金)

文字通り液体の金です。金を王水に溶かして作った塩化金酸と樹脂とを反応させて金レジネートを作り、これに付着剤(ビスマスBi)や表面剤(ロジウムRh)などの有機金属化合物を加えて作ります。

・ブライト金

金粉が含まれないタイプで焼成後は光沢のある金被膜となります。

・マット金

ブライト金に金粉を加えたものです。金粉は球状なので、焼成面に凹凸ができ、くもった感じになりますが磨くと上品な深みのある金色の肌になります。

❷金粉

文字通り金の粉状のものです。

❸金箔

一般的な金箔は厚みが0・1ミクロン程度ですが、絵付けなどに使用する場合には薄すぎて燃えてしまう場合があるので、厚箔(0・4ミクロン前後)または上澄み(0・

フミクロン)という金箔を使用します。

顔料の使い方

顔料にはそれぞれ特有の使い方があります。

❶金液の使い方

描く内容に合わせて金液の濃度を調整しながら塗布します。金液は厚く塗りすぎると剥がれやちぢみの原因になり、逆に薄すぎると綺麗な金に発色しないので出来るだけ均一の厚みにすることが大切です。

●金彩が施された陶磁器

❷金粉の使い方

金粉にフラックスを少量混ぜてオイルで溶き、筆描きをします。フラックスをオイルに溶かしたものを陶磁器面に塗っておき、その上から金粉をブラシと金網を使ってまぶす様に付着させる方法もあります。

焼成温度

金液などを塗り終わったらまず乾燥させます。その後窯に入れて焼きますが、４００~４５０℃になるまで蓋を必ず少し開けておく事が大切です。これは金液中の樹脂が燃えてガスが発生し炉内が酸素不足になることを避けるためです。

焼成温度は磁器の場合では８００℃、ガラスの場合には６００℃程度です。

Chapter.5
銀の性質と宝飾

SECTION 37

銀の物理的性質

金、銀、プラチナと言われるように銀は誰知らぬ人のいない貴金属ですが、常に金、銀といわれるように金に次いで2番目の地位に甘んじています。しかし、金に優る性質もあり、金より優れた美しさもあります。

基礎的性質

銀は金属の中で最も白いと言われるほど白く輝く美しい金属です。比重は10・

●銀製品

50と金(19・32)の約半分ですが鉄(7・87)よりは重いです。融点は962℃で三種の貴金属のなかでは最も低く、沸点も2212℃とやはり最低です。硬度はモース硬度2・7と金とほぼ同じで、軟らかく、傷つきやすい金属ということができるでしょう。

地殻に存在する割合は80ppbで金(3ppb)、プラチナ(1ppb)に比べれば相当大きいと言うことができます。

展性・延性

展性、延性共に金に次いで2番目に大きく、細工しやすい金属と言うことができます。ちなみに展性、延性を大きな金属の順に並べると次のようになります。

・**展性**

金、銀、鉛、銅、アルミニウム、スズ、プラチナ、亜鉛、鉄、ニッケル

・**延性**

金、銀、プラチナ、鉄、ニッケル、銅、アルミニウム、亜鉛、スズ、鉛

電気伝導性

銀の特筆すべき性質の一つは電気伝導性が高い、電気抵抗が低いということです。主な金属を電気伝導性の高い順に並べてみると次のようになります。

・電気伝導性(単位10^6S/m)

銀61・4、銅59・0、金45・5、アルミニウム37・4、タングステン18・5、鉄9・9、プラチナ9・4、スズ7・9、鉛4・8、水銀1・0

貴金属のなかではプラチナの小ささが目立ちます。銅は銀に次いで2番目に大きいので導線として用いられるのは当然ですが、高圧線など長距離間を結ぶ導線には比重の小さい割に伝導率の高いアルミニウムが用いられると言うのもまた当然でしょう。

銀はまた、熱伝導性についても、全金属中最高となっています。

その他の性質

銀の光反射率はすべての金属の中で最高です。そのため、鏡や反射フィルムなどに多用されます。鏡を製造するには、真空中に於いて銀を高温で熱し、気化させて目標物に蒸着させると言う真空蒸着法を用います。この方法によって銀の使用量を最小に抑えることができるのです。

溶融した液体状態の銀は、９７３℃において1気圧の酸素と接触すると、その体積の20・28倍の酸素を吸収します。そして冷えて凝固する際には吸収した酸素を放出するため、銀塊の表面にクレーター状の窪みができます。これを防止するため、純銀の鋳造は酸素を遮断した状態で行わなければなりません。

熱伝導

固体における熱の伝わり方は、結晶を作る金属イオンと自由電子によるものです。固体の一部を温めると、その部分の金属イオンが激しく運動します。そして隣のイオンに衝突してそれを激しく運動させせます。こうして次々に運動が伝わっていきます。このように分子や原子の熱運動がまわりに伝わっていく現象が伝導です。

金属ではさらに自由電子が離れた位置にもすばやく熱を伝えます。しかもこの自由電子による伝導の方が数十倍以上も大きいのです。そのため金属の中でも、電気を通しやすいものほど、熱も伝わりやすいということになります。

●自由電子の移動

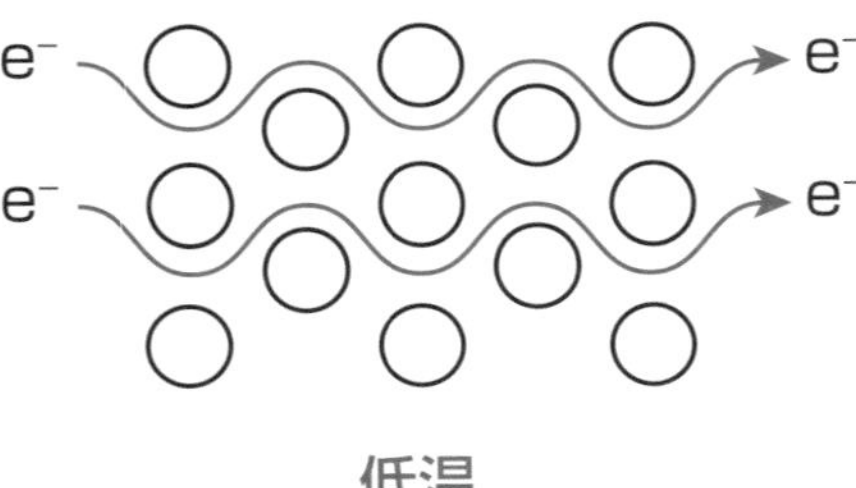

低温

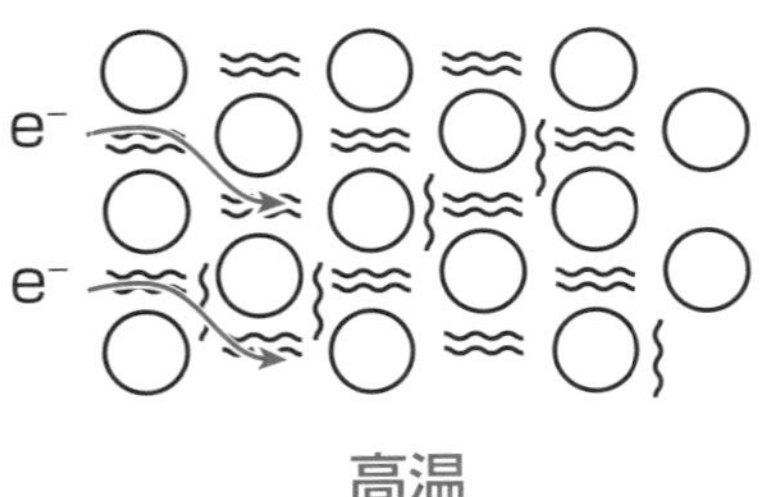

高温

SECTION 38

銀の化学的性質

銀は貴金属の中では化学反応性の高い金属です。

化学反応

銀は硫黄S、特に硫化水素H_2Sと反応する性質が高く、黒い硫化銀AgSを生じます。そのため、硫化水素濃度の高い温泉地はもちろん、普通の環境でも長期間放置すると黒ずんできます。

黒ずんだ銀製品を元に戻すには、磨き粉で黒ずんだ部分を削り落とすのが手っ取り早い方法ですが、表面に傷が着くのはさけられません。傷を付けることなく、化学的に元に戻す方法もあります。

それは銀よりイオン化傾向の高い金属を用いて、その金属から電子

●銀と硫化水素の反応

$$Ag + H_2S \rightarrow AgS + H_2$$

を奪って硫化銀の銀を還元するのです。具体的には琺瑯容器などに黒ずんだ銀製品（宝飾加工されていないもの）と適当量のアルミホイルと塩$NaCl$を入れ、そこに熱湯を注いで放置するのです。塩を入れるのは溶液の伝導度を高めるためです。

反応は次のように進行します。つまり、アルミニウム金属Alが3個の電子を放出してアルミニウムイオンAl^{3+}となり、その電子を銀イオンAg^{2+}が貰って金属の銀となります。

銀は塩酸HClや希硫酸（水で薄めた硫酸）H_2SO_4には溶けませんが、酸化力のある硝酸HNO_3や濃硫酸には溶けます。濃硫酸との反応では水素ガスが発生します。

硝酸との反応では、希硝酸と濃硝酸では反応が異なり、希硝酸では一酸化窒素NOが発生し、濃硝酸では二酸化窒素NO_2が発生します。

●銀とアルミニウムの反応

$$3Ag^{2+} + 2Al \rightarrow 3Ag + 2Al^{3+}$$

●銀と硝酸の反応

希硝酸　$3Ag + 4HNO_3 \rightarrow 3AgNO_3 + 2H_2O + NO$

濃硝酸　$Ag + 2HNO_3 \rightarrow AgNO_3 + H_2O + NO_2$

感光性

光に当たると変化する性質を一般に感光性と言います。銀には感光性があり、銀化合物に光が当たると化合物が分解して金属銀が遊離します。昔のフィルム式写真は臭化銀AgBrの光による分解を利用したものです。

フィルム式写真の原理を見てみましょう。写真のフィルムと言うのは透明なプラスチックフィルムに臭化銀を溶かした乳剤を塗った物です。光に当たると感光してしまうので、感光しないように厳重に包装しておきます。写真の撮影と現像は次のようにして行います。

❶露光

フィルムを格納した写真機のレンズ面につけたシャッター(遮光版)を開けて、フィルムを露出し、感光させます。フィルムには先の式に従って金属銀の小さい核ができます。この核は小さくて目に見えないので潜

●臭化銀の光による分解

$$2AgBr \rightarrow 2Ag + Br_2$$

像核といいます。潜像核を大きくして目に見えるようにする操作が現像です。

❷現像

フィルムを還元剤(現像液)に浸します。すると、臭化銀は化学的に還元されて金属銀になりますが、この時に潜像核を作っていた銀核が触媒作用を行います。そのため、現像操作によって発生する金属銀は潜像核の周囲に発生します。適当な時間が経つと、潜像核の周りには金属銀が成長し、黒くなって目に見えるようになります。

❸定着

フィルムには還元されない臭化銀が残っているので、これをチオ硫酸ナトリウム$Na_2S_2O_3$などからなる定着液に浸して除去します。これで感光した部分が黒く、感光しない部分が白い(透明)フィルムができます。これを陰画(ネガフィルム)といいます。つまり、実像で明るい部分が黒く、暗い部分が白くなり、実像と逆になっているからです。

❹焼き付け

感光材を塗った紙にネガフィルムを重ねて、ネガフィルムの側から光を照射します。この紙に上と同じ操作を行えば、白黒が逆転して、実像の明るい部分が透明に、暗い部分が黒くなった陽画（ポジフィルム）、つまり、アルバムに貼る写真が出来上がるというわけです。

フィルム式写真と言うのはこのように、高度に化学的な技術だったのです。このまま廃れさせるには惜しい技術と言うべきではないでしょうか？

●フィルム式写真

SECTION 39

銀の生物学的性質

銀は貴金属のなかでは珍しく化学反応性が高い金属ですが、そのため、生物に対しても影響を及ぼします。特にその殺菌性は他の金属に見られない大きなものです。

殺菌性

銀イオンAg^{+}は、バクテリアなどの細菌に対して極めて強い殺菌力を持っています。そのため、浄水器の殺菌装置などに利用されます。抗菌性を持つ金属としては銅がありますが、銅が抗菌剤として用いられるようになったのは200年ほど前からの話であり、それに対して銀が用いられるようになったのは最近の1990年頃からですからつい最近のはなしです。

日本では公衆浴場における浴槽水の衛生管理が義務付けられていますが、銀イオンはその浴槽水の殺菌にも利用されています。厚生労働省が推薦する殺菌法は塩素剤による殺菌ですが、塩素剤を用いた場合には特有の匂いがするなど不都合もあります。銀イオンはそのような塩素殺菌が行いづらい場合にも利用できる便利な殺菌法と言えるでしょう。

有害性

銀は比較的人体への毒性が低いとされていますが、事業者が銀または銀化合物を使用するときは、使用量の届出が必要なことになっています。

銀に有害性があるとしたら、それは殺菌力があまりに強いからです。つまり、殺菌力が強いため、人体に直接振り掛けた場合には、体表に必要な常在菌まで殺してしまう可能性があるのです。したがって、銀イオンを含む除菌、消臭スプレーなどを過剰に直接肌にスプレーするのは避けた方が賢明でしょう。まして人が吸引する可能性のある場所でまくのは、避けるべきです。

迷信

銀の殺菌性のせいか、あるいは銀が硫黄に触れると黒くなると言う、昔の人にとっては神秘的な性質のせいか、銀には毒物を教えてくれる魔力?があるとの迷信があります。

それがよく言われるのは毒キノコの判断です。日本に自生するキノコの種類は4000種に上ると言われています。そのうち学名のついている物は1/3に過ぎず、1/3は毒キノコであると言われます。いかにキノコの達人と言えど、1300種もある毒キノコを覚えるのは容易ではありません。

ということで、昔の人が伝家の宝刀として持ち出したのが銀製のカンザシです。カンザシをキノコに挿して、「カンザシが黒くなったら毒キノコ、なんとも無かったら食べられる」と言うものだそうですが、これは迷信です。何の根拠もありません。キノコの判別は玄人にとっても大変です。時折「道の駅」で間違って毒キノコを売ってしまい、問題になることがあります。キノコの素人判断は命にかかわります。

医療用途

銀は昔から銀歯として歯科医療で利用されています。比較的安価な材料なので、主に保険診療で使用されます。用途は主に虫歯や歯根の患部を削った空洞部分を補完する形で銀合金をかぶせたり、はめ込んだりするものです。

使用される銀は、銀に亜鉛Zn、金、パラジウムPd等を添加した銀合金であり、そのうち銀の分量は約50〜70％です。

かつては銀とスズSnの合金に銅や亜鉛を添加した粉末を水銀Hgで練ったアマルガムを空洞に詰めるアマルガム修復もよく行われました。しかし、水銀の有毒性が明らかになった現在、この方法が行われることはありません。

東洋医学の分野では、ハリ治療用として、銀製のハリが製造されています。金製のハリに比べれば安価ですが、一般的なステンレス製に比べて高価なため、銀のハリを使うのが効果的とされる症状に対してのみ用いられます。

コラム 銀の弾丸

銀が毒キノコのような邪悪なものに有効と言う迷信は西洋にもあるようです。狼男や吸血鬼バンパイアは銀の十字架などの銀製品に弱いことになっています。またグリム童話などでも、銀の銃弾を用いて魔女を撃退する話などがあります。

銃規制の緩い国では銀の弾丸が製造される例があるようですが物理的に見て銀の弾丸に特別の効力は見つけにくいです。銀の比重は10・5と鉛の比重11・3より小さく、したがって一般的な鉛の弾丸と比べて運動量が小さいので殺傷力も小さくなるはずです。

弾丸の比重が小さいと銃弾の初速が増すため命中率が向上する可能性はありますが、銀より比重の軽い金属は鉄(比重7・87)をはじめ、いくらでもあります。あえて高価な銀を使用する理由はないということになります。

SECTION 40

銀の宝飾

銀は現在でこそ、その価格は金の百分の1程となっていますが古代においては金よりも価値があるとされた時代もありました。それは、金は反応性が低いため、自然金として黄金色に輝く状態で産出しますが、銀はその様なことがないからです。美しい銀の金属を得るためには手数を踏んだ精錬という操作をしなければなりません。

また、古代エジプトでは自国内で銀は産出せず、輸入に頼るしかありませんでした。そのため、金に銀をメッキするという現在では考えられないような加飾法も行われていたと言います。

銀の合金と種類

純銀は柔らか過ぎて傷つきやすく、そのうえ大気中の硫黄分と反応して黒ずむ性質があります。そのため、銀を加工品として用いる時には、他の金属をまぜて合金として利用することが一般的です。混ぜる金属には銅、ニッケル、金など用途に応じていろいろあります。

加工用の銀合金として最も一般的なのはスターリングシルバーであり、これは銀の含有率が92・5%で硬度や耐久性にも優れています。

この他にブリタニアシルバーと呼ばれるものもありますが、これはその名の通り、一時イギリスがスターリングシルバーから銀貨の品位を高めるために作った物で銀の純度は95%です。ただし、この割合では軟らかすぎるために、もとのスターリングシルバーに戻されたと言ういきさつもあります。

最近流行のピンクシルバーは、銀の純度がほぼ50%で割り金として銅が用いられています。かつて変色しない銀としてよく用いられたソフトホワイトも銀の含有率は50%で割り金はパラジウムPdでした。

日本で良く用いられる朧銀（おぼろぎん）は、四分一（しぶいち）ともいわれ、銀が25~60%の各種合金で、伝統工芸品、美術品、宝飾品に用いられます。また年月を経て黒ずんだ銀、あるいは故意に黒ずませた銀は燻し銀（いぶしぎん）と呼ばれて愛好する向きもあります。

銀の加工

銀の加工技術は基本的に金の加工技術と同じです。基本的な造形は蝋型鋳造等の鋳造もしくは銀板を叩いて成形する鍛造です。その他、付加的な装飾用に銀箔、銀線なども用いられます。

❶ 銀箔

金箔と同様に、銀を金槌で叩いてごく薄く伸ばし、箔状態にしたものです。しかし化学的に安定な金属である金に比べると酸などの化学変化に弱いため、製造にあたっては少量の亜鉛、金、パラジウムなどを混ぜることもあります。

また、化学変化しやすい性質を逆手に取って、銀箔に特殊処理を施すことで様々な色彩を持たせたものもあります。その様な銀箔は光陽箔、玉虫箔、赤貝箔、虹彩箔、焼箔などと呼ばれます。また、銀箔を酸化させるなどして黒く加工したものは黒箔と呼ばれます。

金箔と同様に日本では金沢市が代表的な産地であり、全国シェア100%を誇っています。銀箔は宝飾用に用いられる他、料理や菓子の飾り付けにも用いられます。仁丹はコーティングとして銀箔を用いています。これらは装飾目的と同時に銀の抗菌作用を期待する目的もあります。

❷銀線

銀の高い延性を利用して、直径０・２㎜以下の細い針金に伸ばした物を銀線と言います。これを渦巻き状にまるめて花鳥風月を表現したものは銀線細工と呼ばれ、秋田市の特産として知られています。

●銀箔でコーティングされている仁丹

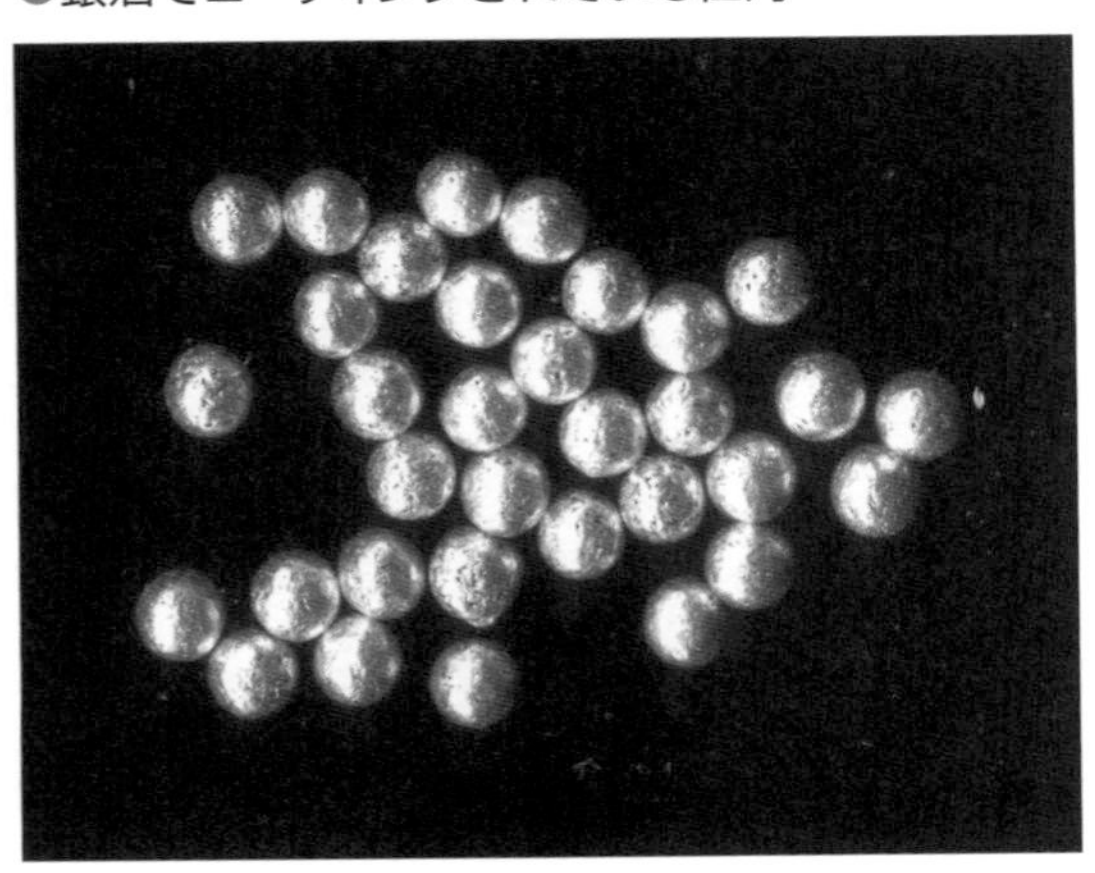

SECTION 41

銀食器

中世のヨーロッパの食事事情が上品なもので無かったことは良く語られる通りだったのでしょう。スプーンやフォークは無く、手づかみで食べる、ということで現在のテーブルマナーから見れば甚だ野蛮に見えます。

しかし、現在だってバーベキューを考えれば、中世のマナーとそれほど変わっているわけでもありません。インドでは今も手で料理を取って食べますが、これは食事を舌で味わうだけでなく、指の触感でも味わっているのだと言います。日本人が料理を眼で味わうのと同じなのかもしれません。

●食器

ヨーロッパの昔の食器は木製のお椀、素焼きの陶器、硬くなったパンなどだったようです。これはどこの国でも同じようなものでしょう。日本だって今でも、笹の葉、朴(ほう)の葉などを用いますし、南アジアではバナナの葉も食器の一部です。中国では陶器が磁器に発展し、高度に洗練されてヨーロッパに大きな影響を与えたことは良く知られた通りです。

ヨーロッパでは食器に金属製の物も用いられました。その素材はスズSnに少量の鉛Pbを入れたピューターと呼ばれるもので、融点が250℃程度と低く、軟らかくて細工しやすい金属でした。ただし、鉛は毒性があることから、後に鉛はアンチモンSbに代えられました。

このような食器事情だったヨーロッパに、ルネサンス頃に突如銀食器ブームが沸き起こったのには理由があります。一つは銀食器が美しいということがあります。ピューターはくすんだ灰色で、白く輝く銀の美しさにかなうものではありません。また銀が高価な金属だったということも自分の富裕さを客に示すためには有効だったでしょう。銀が放置すると黒くなると言うのも裕福さを示す要因になったでしょう。と言うのは、その様な銀食器を常に美しく輝かせて置くためには、訓練された召使を大勢雇わなければならなかったからです。

毒殺の危機

しかし、一番大きかったのは毒殺を逃れることだったと言います。当時は列強が覇を競っていた頃であり、有力者は常に暗殺の危機に怯えていたと言います。暗殺を企てるのは世俗の者だけではありませんでした。当時のローマ法王アレクサンデル6世は稀代の暗殺者として有名です。彼は裕福な市民に難癖をつけて法王庁の牢に投獄し、家伝の秘薬カンタレラで毒殺しました。カンタレラのレシピは、甲虫スカラベ（和名フンコロガシ）を磨り潰してどうのこうのと言う秘密めいたものですが、そもそもスカラベは無毒であり、結局はヒ素化合物であっただろうと言われています。

そして家財を没収し、バチカン公国のものにしたのです。おかげでそれまで窮乏していたバチカンの財政は立ち直りました。そのためにアレクサンデル6世をバチカン中興の祖と言う向きもあると言いますから、宗教たるものが何をかいわんやです。

とはいうものの、彼はミケランジェロやラファエロのパトロンとしても知られ、ルネッサンスの花があれほどに開いたのは彼のおかげかもしれないと言うのは歴史の皮肉です。

毒殺からの回避

ということで当時の富裕階級は常に毒殺の恐れに面していたのです。その時に流れていた説が、「銀は毒を教えてくれる」というものでした。多分、銀が硫黄によって黒化することからそのように言われたのでしょう。したがって、食物を銀の器で食べれば毒の有無がわかるということで銀食器が流行したと言います。

しかし、残念ながら銀はヒ素に会っても黒化しません。それでは何の役にも立たなかったのかというとそうでもなく、当時のヒ素は純度が低く、硫黄や硫化ヒ素を含んでいたと言います。したがって、食物にヒ素が入っていたら、そのヒ素に含まれる不純物としての硫黄によって銀が黒くなるかもしれないと言う、何とも心もとない話だったのです。

ただ、一つ言えることは、銀食器で飲む水は銀の殺菌作用でバイキンは死んでいたでしょうから、汚れた水による細菌性の中毒は防げていたかもしれません。ただし細菌性でなく、化学性の毒薬が入っていたらそれまでです。

Chapter.6
白金の性質と宝飾

SECTION 42

白金の物理的性質

白金（プラチナ）は銀と同じように白く輝く金属ですが、銀より良く言えば重厚な輝きであり、また、比重が大きく、銀より持ち重りがすることなどから、日本人に好まれる金属と言えます。また、銀と違って黒変しないことも強みです。

●産出国

プラチナの地殻中における存在率は1ppbと金の1/3であり、非常に希少な金属ということができます。これまでに人類によって産出された総量は約4000トン、体積にして約200立方メートル（一辺が6メートル弱の立方体）ほどであるといわれています。

プラチナは、パラジウムPdやロジウムRhなどの白金族と言われる、プラチナと似た性質を持つ元素と一緒に鉱石に含まれています。南アフリカのブッシュフェルト地方には、東西400㎞、南北300㎞に渡る広大な岩山あり、その中に、白金族の金属を多く含む厚さ数十㎝の地層が見つかっています。この地層には、白金族元素の中でも白金とロジウムが特に多く含まれていることがわかっています。ということでプラチナ産出国の首位の座は当分の間、南アフリカが握り続けるようです。

プラチナは日本にも僅かですが埋蔵されていることが確認されています。北海道の天塩川、石狩川の川砂中で砂白金が認められているほか、新潟県でも発見されています。もしかして、これらの川の上流には一大プラチナ鉱山が眠っているかもという壮大な夢に掛けてみるのも男のロマンかも

●プラチナの鉱石

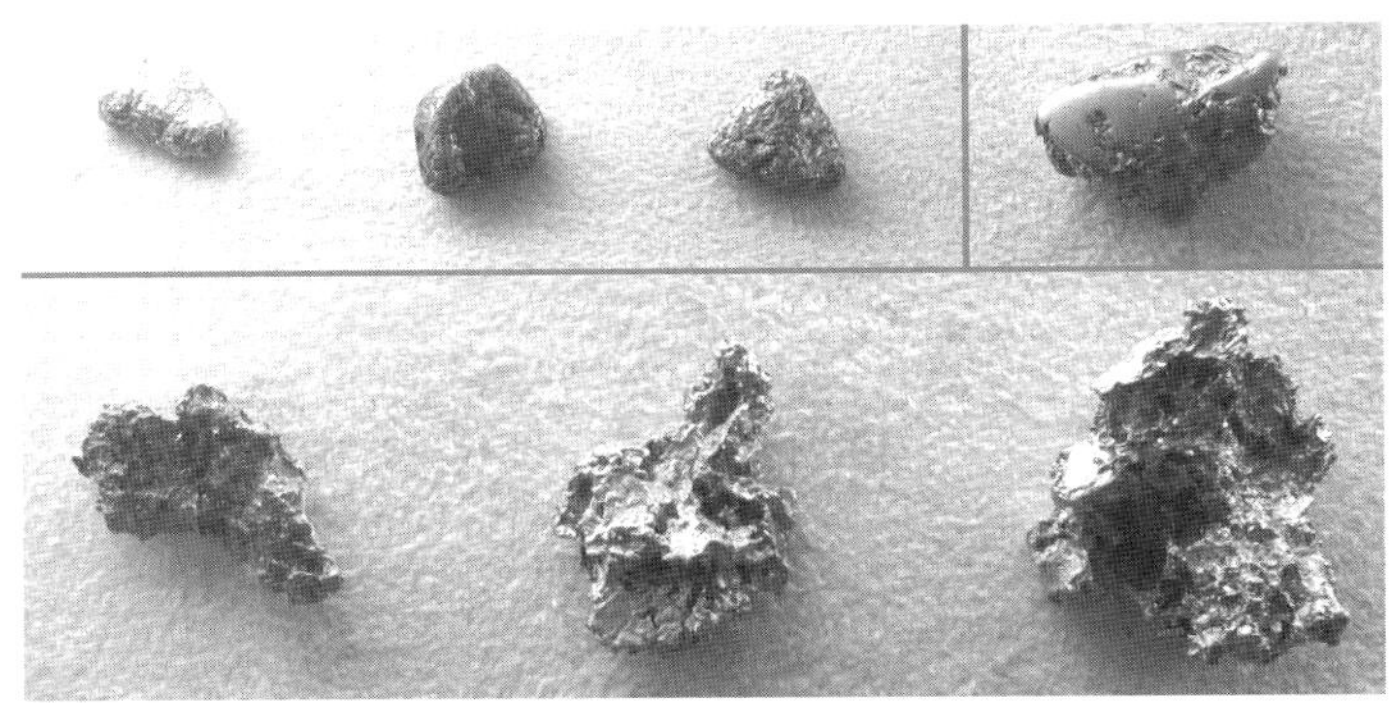

しれません。お奨めはしませんが。

基礎的性質

プラチナの比重は21・45と大変に大きく、全元素中2番目に大きい値です。融点は1772℃、沸点は3830℃と貴金属のなかでは最高の値です。モース硬度は4・5でこれも貴金属中最大です。

磁性を持つため、白金磁石などに利用されます。また電気抵抗と温度との間に直線関係があるため、電気抵抗を測定すれば温度がわかります。そのため、白金抵抗温度計として、13・81～1234・93K(ケルビン、絶対温度の単位、0℃=273K)までの広い範囲で標準温度計として利用されています。

化学的に極めて安定で酸化されにくいことから、度量衡原器(キログラム原器、メートル原器)に利用されています。

SECTION 43

白金の化学的性質

プラチナの化学反応性は非常に低いですが、全く反応しないわけではありません。

王水、塩素水との反応

塩酸HClと硝酸HNO_3との混合物である王水、および塩酸HClに塩素Cl_2を溶かした塩素水には徐々に溶解し、ヘキサクロロ白金(Ⅳ)酸$H_2[PtCl_6]$を生成します。王水に溶解した場合にはニトロシル錯体$H[PtCl_5NO]$の混入が避けられないため、純粋なヘキサクロロ白金(Ⅳ)酸を合成するには、塩酸酸性下で塩素水に溶解した方がよいとされます。

●白金と塩素水との反応

$$Pt + 2Cl_2 + 2HCl \rightarrow H_2[PtCl_6]$$

●白金と王水との反応

$$3Pt + 15HCl + 4HNO_3 \rightarrow 3H[PtCl_5NO] + NO + 8H_2O$$

プラチナ化合物の合成

化学的反応性の低いプラチナの化合物は少ないのですが、いくつかは知られています。そのようなプラチナ化合物合成における出発物質としてよく用いられるのがヘキサクロロ白金(Ⅳ)酸です。つまり、ヘキサクロロ白金(Ⅳ)酸を350℃で分解すると塩化白金(Ⅱ)$PtCl_2$が生じます。

また、ヘキサクロロ白金(Ⅳ)酸に硝酸ナトリウム$NaNO_3$を反応すると硝酸白金(Ⅳ)$Pt(NO_3)_4$が生成し、これを加熱すると熱分解して酸化白金PtO_2が生成します。酸化白金はアダムス触媒と呼ばれ、化学反応でよく用いられます。

最近、アルゴンAr気体中で、白金海綿PtにセシウムCsを700℃で2日間反応させたところセシウム白金Cs_2Ptが生成したとの報告がありました。Cs_2Ptは暗赤色透明な物質です。この化合物は、CsとPtが金属結合によって結合し

●ヘキサクロロ白金(Ⅳ)酸の分解

$$H_2[PtCl_6] \rightarrow PtCl_2 + 2HCl$$

●ヘキサクロロ白金(Ⅳ)酸と硝酸ナトリウムの反応

$$H_2[PtCl_6] + 6NaNO_3 \rightarrow Pt(NO_3)_4 + 6NaCl + HNO_3$$

$$Pt(NO_3)_4 \rightarrow PtO_2 + 4NO_2 + O_2$$

た金属間化合物ではなく、食塩NaClのようにイオン結合で結合している可能性が高いと見られています。

その場合にはプラチナPtは-2価の陰イオンPt^{-2}になっていることになります。このように金属原子が陰イオンになるのは非常に珍しい事であり、今後の研究が待たれます。

SECTION 44

白金の生理学的性質

プラチナそのものに生理学的な性質は無いようです。ということは生体に余計な負担を掛けないということですから、骨格の一部に白金製材を用いるというような可能性は残されているでしょう。しかし、問題はコストとの兼ね合いです。採算を度外視した治療は困難です。プラチナを本格的に用いる前に、プラチナと同等の有効性を持ちながらもっと安価な素材を探してみるべきではないでしょうか?

プラチナが希少で高価ということは、この様な一見、科学とは無関係にみえるような所で、実は科学に大きな影響を及ぼしているのです。資本主義経済の下で科学を研究している者にとって落とし穴になりがちな所ですが、重要なところです。

現在注目されているのはプラチナを用いた制ガン剤です。これには既にシスプラチンなど知られていますが、その分子構造を見ると独特の形をしています。つまり、プラチナ原子から2個の塩素原子Clが出ているのです。

DNAの分裂複製

正常細胞であれガン細胞であれ、全ての細胞は細胞分裂によって増殖します。そして細胞分裂が起きる時にはそれに先立って遺伝を司る分子である核酸DNAが分裂、複製しなくてはなりません。つまり、二重らせん構造をなす1組のDNAが2組の二重らせんDNAに増殖しなければならないのです。

その時にはまず、DNAの分裂を支配する酵素であるDNAヘリカーゼという酵素がDNAに結合します。そして、二重らせん構造を、図の左から右に順にほどいていきます。するとそのすぐ後に、ほどけた2本のDNA鎖のそれぞれにDNAポリメラーゼという別の酵素が控えており、同じように左から右に移動しながら、それぞれ片方の構造を辿って新しいDNA鎖を合成していきます。

この様な操作を延々と繰り返すことによって、旧鎖の忠実な

●DNA

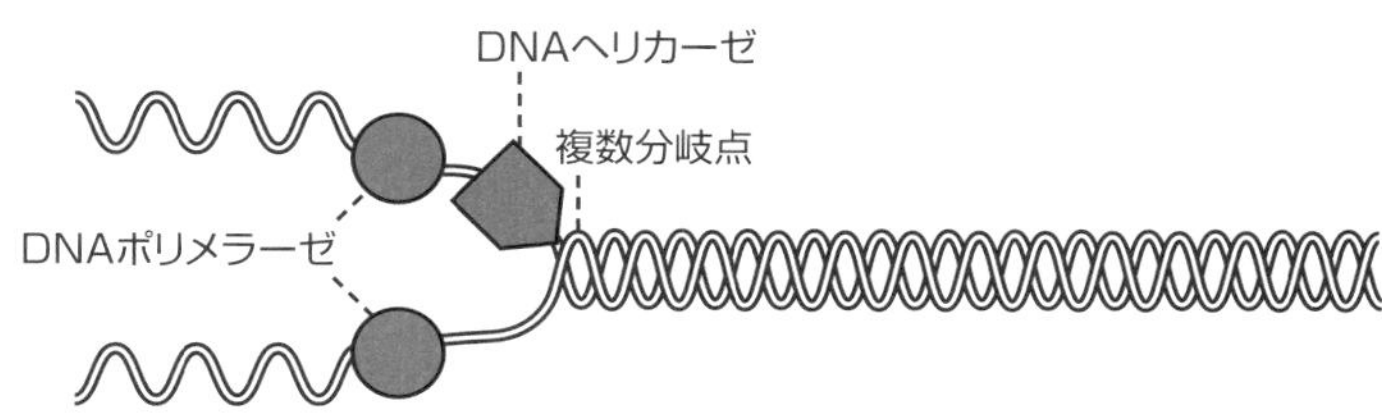

復元である新鎖ＤＮＡが完成し、細胞分裂が進行することになります。

ところで、シスプラチンなどの白金製剤の働きですが、それは先に見たプラチナ原子Ptから出た2個のCl原子にあります。このCl原子を手がかりにしてPt原子が、二重らせん構造を作っている2本のＤＮＡ分子に橋掛けをする（架橋構造）ように結合するのです。

二重らせん構造の途中にこのような邪魔物ができたのでは、ＤＮＡヘリカーゼは先に進めません。と言うことで、ＤＮＡの分裂は失敗し、当然複製も失敗し、結局細胞分裂にも失敗するという、極めてわかりやすい結果に帰着します。

結論は、ガン細胞は分裂増殖できず、ガンは治るということです。

コラム　戦争と科学

戦争と科学は密接な関係にあります。平和時に開発された科学技術は戦争に役立てられます。第一時世界大戦で毒ガスとして用いられた塩素ガスは、平和時の化学産業の原料でした。

第二次世界大戦でも毒ガスは用いられました。その一つがイペリット、マスタードガスと言われるものでした。悲惨な結果を与えましたが、イペリットの被害を研究していた科学者が面白いことを発見しました。イペリットの被害を受けた兵士の中に、ガンが軽癒した人がいたのです。

イペリットに治療効果があるのではないかと思って研究を進めた研究者は、イペリットの構造の中に2個の塩素原子があることに着目し、シスプラチンの開発にこぎつけたと言います。戦争が平和に貢献したと言うささやかな例かもしれません。

●シスプラチンとイペリット

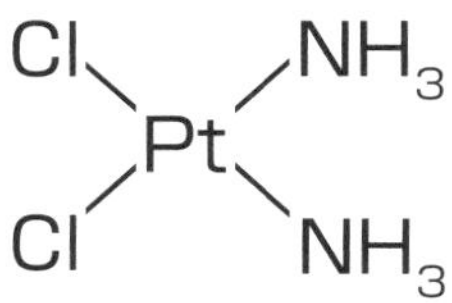

Cl, Cl, NH_3, NH_3 — Pt

シスプラチン

Cl–CH₂CH₂–S–CH₂CH₂–Cl

イペリット

白金の触媒作用

金属には触媒作用を持つ物がたくさんあります。金属の触媒作用の多くは金属塊の表面にあります。と言うのは、金属原子の結合状態を見ればその原因が推察できます。

●金属結晶の表面

金属塊、つまり金属結晶の内部にいる金属原子Aは前後左右上下の6方向で他原子と結合しています。つまり6本の手で他原子と結合しているのです。ところが結晶の表面に居る原子B

●金属結晶の結合状態

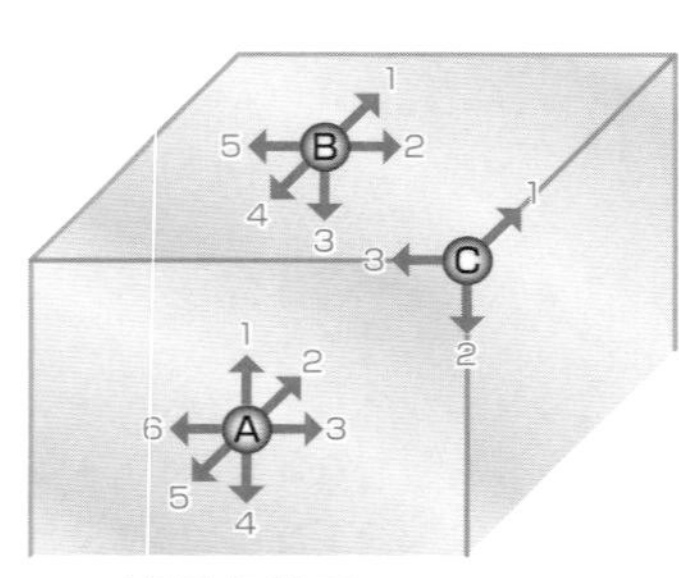

結晶自身で
使われている手

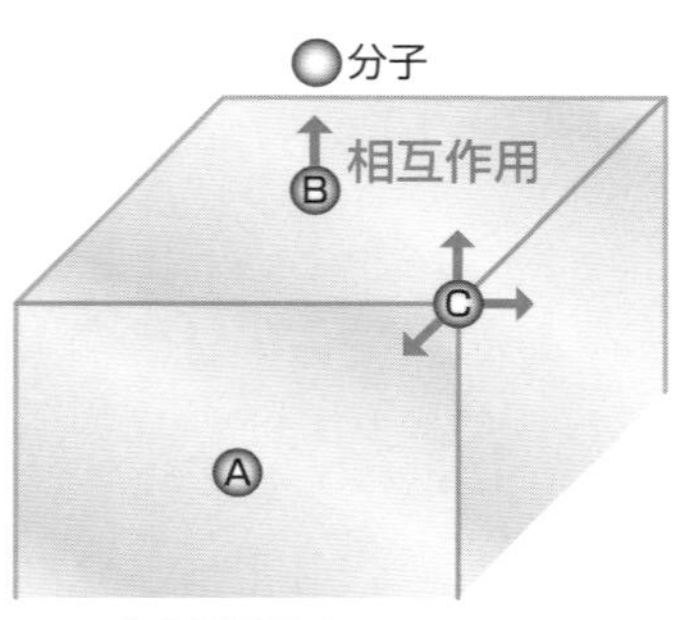

金属原子の
残っている手

はどうでしょう？　6本の手の内5本は他の原子と結合していますが、1本の手は結合相手が無いままブラブラしています。結晶の角に居る原子Cは3本の手を遊ばせています。このような手の所に、他の原子、分子が来たら、これらの手はどうするでしょうか？「私と仲良くなりませんか？」とは言わないまでも、手をさしのべるのではないでしょうか。これが金属の触媒作用の本質なのです。

金属の触媒作用

プラチナ金属塊の表面は、このような触媒作用の代表的な例です。

プラチナは、水素ガスH_2と酸素ガスO_2を反応させて水H_2Oを生成する速度を高めてくれます。水素ガスは2つの水素原子が一緒になって水素分子H_2を形成していますが、水素分子は白金の表面に吸着されると分解されて2個の水素原子Hになります。酸素ガスも同様に、白金の表面で分解され、酸素原子Oになります。そして、HとOの間で次のような化学反応が起こり、水H_2Oが生成するのです。

●水の生成

$$H + O \rightarrow OH$$
$$OH + H \rightarrow H_2O$$

この一連の反応で、白金自身は変化しません。反応速度を速めるだけです。この働きを触媒作用といい、この様な働きをする物質を触媒と呼びます。白金は現代科学産業を支配する多くの化学反応で欠かすことのできない触媒として活躍しています。

三元触媒

プラチナの触媒作用にはいろいろありますが、代表的なものを見てみましょう。三元触媒は、車の出す排気ガスを浄化する触媒です。車が排出する有害物質として、「①一酸化炭素CO」「②窒素酸化物ノックスNOx」「③未燃焼炭化水素CH」があります。これら三種の有害物質を一挙に消去すると言う夢のような触媒で、三元触媒と言われます。それは次のような反応によるものです。

三元触媒はこのように素晴らしい触媒で、現代のような自動車社会には欠かせない触媒なのですが、問題はその成分です。プラチナ、パラジウムなどの貴金属が無ければ作用しないのです。目

●三元触媒の反応

① $2CO + O_2 \rightarrow 2CO_2$
② $NOx \rightarrow N_2 + O_2$
③ $CH + O_2 \rightarrow CO_2 + H_2O$

下、貴金属を用いない触媒の開発研究が行われていますが、実用化まではまだ時間が必要なようです。

水素燃料電池

燃料を燃やして電気を起こす装置を燃料電池と言います。不思議だと思わないでしょうか？「燃料を燃やして電気を起こす装置」と言うのは発電所ではないでしょうか？　火力発電所は正しく石炭などの「燃料を燃やして電気を起こす装置」ではないでしょうか？　つまり、燃料電池と言うのは「電池」とは言うものの、いわば「携帯発電所」のような物なのです。この様な携帯発電所のうち、燃料に水素ガスH_2を使う物を水素燃料電池と言います。

水素燃料電池では電極に触媒としてプラチナを使います。つまり電池の負極でプラチナ触媒がH_2を分解して水素イオンH^+と電子e^-にします。このe^-が電流となって導線を通って正極へ移動します。同時にH^+は電池内の溶液中を移動してやはり正極へ移動します。そして正極のプラチナ触媒上で待っていた酸素O_2と反応して水H_2Oとエネルギーになると言うのです。

つまり、水素燃料電池は触媒としてのプラチナが無いと一歩も動かないのです。しかし、プラチナは高価な貴金属です。これでは水素燃料電池は原理的には完成したがコストが高くて実用にならないということになりかねません。そのため、プラチナ以外の触媒開発の研究が行われていますが、実用化は先の話の様です。

●接触還元

有機化合物に含まれる二重結合に、水素を付加して一重結合にする反応があります。この反応はプラチナなどの金属を触媒として用

●水素燃料電池の構造

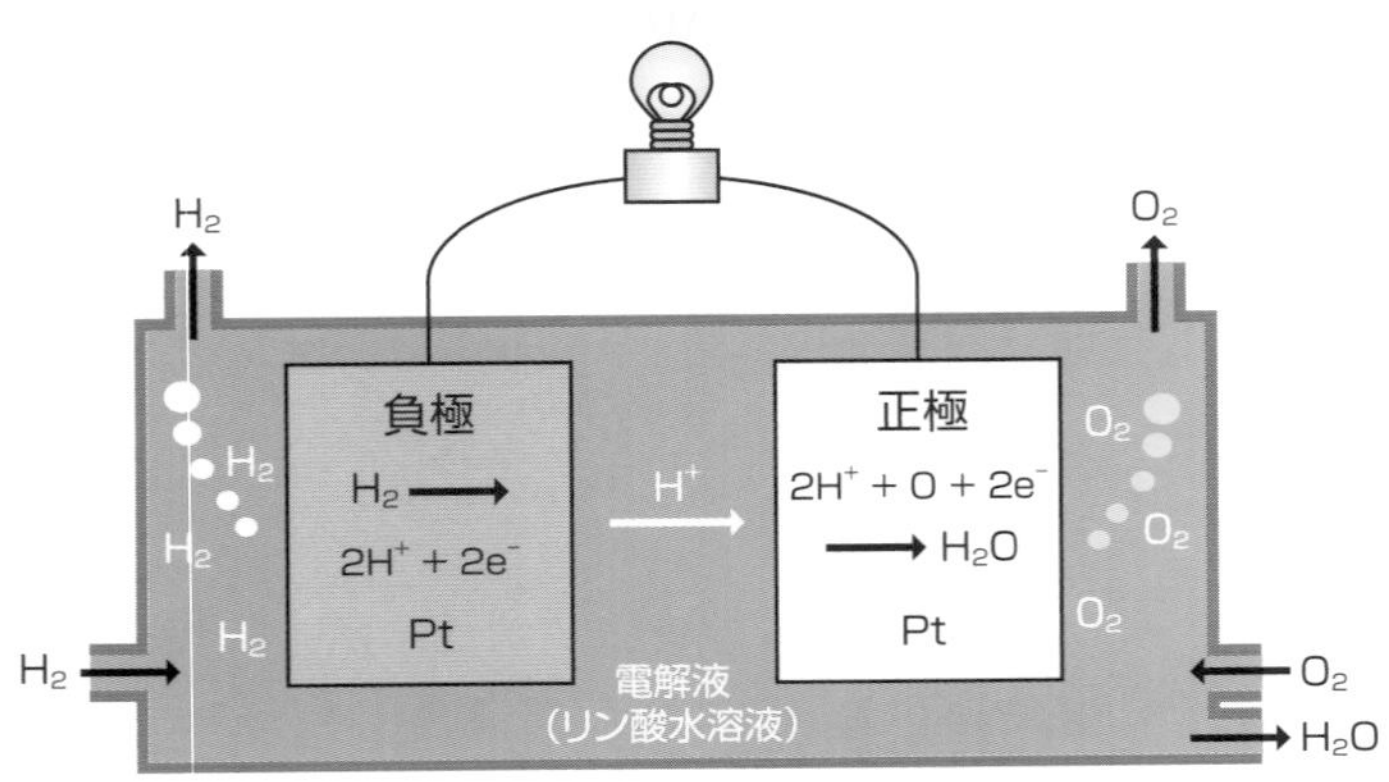

いることから、金属表面と分子が接触することによって起こる還元反応（水素と結合する反応）であることから、接触還元反応と呼ばれます。

❶ 硬化油

なぜこのような地味な反応が大切かと言うと、この反応はマーガリンを作る反応であり、現在問題になっているトランス脂肪酸に関わってくる問題なのです。

食物に含まれる油脂には二種類あります。一つは植物や魚介類の油脂である、常温で液体の脂肪油です。これは二重結合（不飽和結合）を含むので不飽和油脂と呼ばれます。そしてもう一つは哺乳類の油脂である常温で固体の脂肪です。これは分子構造に二重結合を含まないので飽和油脂と呼ばれます。

常温で液体の植物油をバターのように常温で固体の脂

●接触還元反応

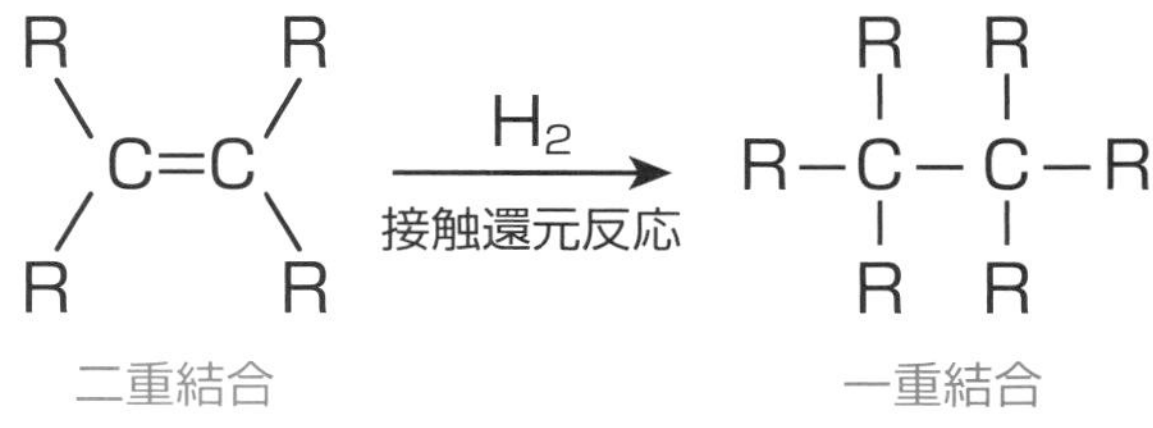

肪にするにはどうしたら良いのか？　そこで、考案されたのが液体の脂肪油の二重結合に水素を付加して一重結合にし、固体の脂肪にすると言う化学反応でした。このようにしてできた人造固体の脂肪が一般に硬化油と呼ばれ、マーガリンやショートニングの原料となります。

❷トランス脂肪酸

ところが、接触還元でも一重結合にならなかった二重結合があります。このような二重結合の結合状態が天然の脂肪油に含まれる状態と違うのです。天然の物は、二重結合についている2個の水素原子Hが二重結合の同じ側に着いたシス形と言われる物なのに、人工でできた物は水素が反対側に着いたトランス形と言われる物だったのです。

最近、トランス二重結合の硬化油は心臓に負担を掛け

●シス体とトランス体

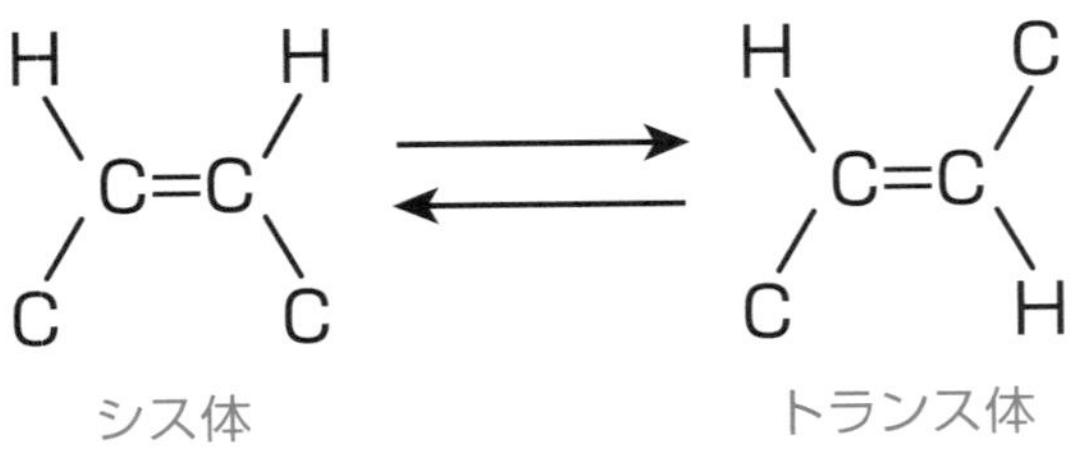

$$\begin{matrix} H & & H \\ & C=C & \\ C & & C \end{matrix} \quad \rightleftarrows \quad \begin{matrix} H & & C \\ & C=C & \\ C & & H \end{matrix}$$

シス体　　　　トランス体

ることが明らかになり、各国で摂取を控えるようにとの勧告が出されています。日本は、もともと硬化油の消費量が少ないので気にすることも無いということで、勧告は見送られています。

●トランスオレイン酸

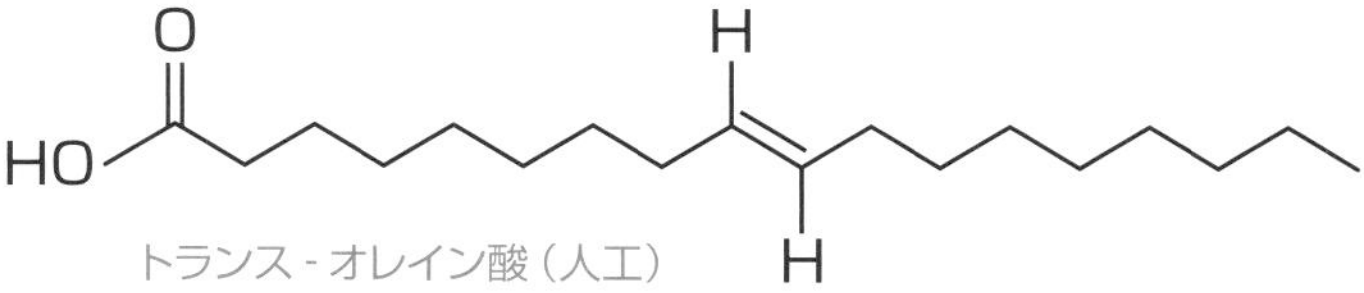

O
H
HO
トランス - オレイン酸（人工） 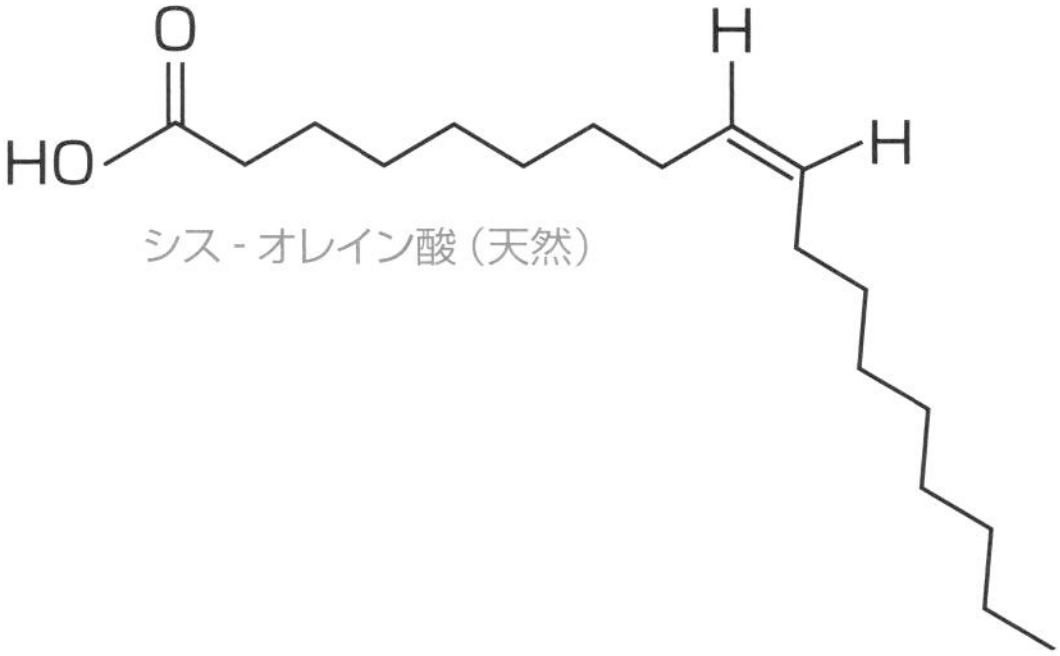
H

O
H
H
HO
シス - オレイン酸（天然）

SECTION 46

白金の宝飾

プラチナは白く輝く美しい金属で反応性が乏しいので錆びることも酸などに溶けることもありません。また融点が高いので、普通の火事にあっても融けることもありません。ということでプラチナは貴金属としての条件を完全に満たしています。

プラチナの歴史

プラチナが貴金属として近代史上に登場したのは18世紀後半になるようです。それでは、それ以前は、プラチナは発見されていなかったのでしょうか?

❶インカ帝国

プラチナには不思議なことがいろいろあります。先に見たインカ帝国ではプラチナは知られており、貴金属として扱われていました。ところが、インカ帝国を滅ぼして貴金属を根こそぎ持ち去ったスペインの文化が低すぎて、プラチナを正当に扱うことができなかったのです。要するに融点が高すぎて細工できなかったのです。そこで、スペインではプラチナをあろうことか、クズ金属として廃棄してしまったのです。

プラチナが貴金属として正当な扱いを受けるのはヨーロッパの工業技術水準が発展した後のことでした。それではは文字も持たないインカ人はプラチナをどうやって細工していたのでしょうか?

❷テーベの小箱

ところがここにミッシングリンクとも言うべき小箱が登場します。古代エジプトで紀元前700年頃に亡くなった女性神官のお墓から見つかった金属製の美しい小箱で「テーベの小箱」と言われるものです。一辺10㎝ほどの立方体形で、蓋が着き、精緻な彫刻が全面に施されています。小箱の本体は金と銀できています。

ところがこの箱の表面に王の業績などが例の象形文字で象嵌されているのですが、そこに埋め込まれている金属がプラチナなのです。3000年近くも前の人がどうやってプラチナを溶かして象嵌することができたのでしょう？　これは歴史の連鎖の中で失われた一個の輪、ミッシングリンクではないかと一時評判になりました。

現在では、これは熔融したのではなく、プラチナを粉にして適当に加熱して鍛造した、粉末冶金と言う方法で作ったのでないかと言われています。インカ帝国のプラチナ細工も同じような技法によるものでしょう。

現代のプラチナ装飾

他の貴金属と同様に、プラチナ単体では軟らかくて強度不足なので、割金にパラジウムやルテニウムを使って合金として用いることがもっぱらです。特にルテニウムを使用した合金は硬いのでハードプラチナと呼ばれます。

プラチナ合金の純度

プラチナ合金の純度の表示は千分率‰（パーミル）で、「Pt950」「Pt900」「Pt850」

の3区分があります。しかし価格の高騰などで、これ以下のPt500程度の物も流通しているようです。ただし日本でジュエリーとして認められるのは純度85％以上に限られますので、このような製品を買う時には要注意です。

悪質な物では、パーセント表示と間違わせるためにPt100と刻印したものもあると言います。わからない人は、これを見てプラチナ純度100％と思うかもしれません。もちろんそうではありません。これは、プラチナ純度10％ということです。ここまで来ると詐欺です。とんでもない粗悪品です。

日本人とプラチナ

宝飾品としてのプラチナに加える加工技術は金、銀の場合と同じです。プラチナ箔、プラチナ線、プラチナ粒などを駆使して高度な工芸品が作られます。プラチナ線を繊維のように扱って織ったブラジャーなどという物まで出ています。

白くて銀よりクスミがあるプラチナは透明なダイヤモンドとの相性が良いようです。そのため、ダイヤモンドのリング、ネックレス、ティアラ等の台座にはプラチナが用いられることが多いようです。また、プラチナの比重が銀の2倍もあって持ち重りがするのも良いのかもしれません。

日本人は特にプラチナが好きなようで、プラチナ需要の60%が宝飾用といいます。ちなみにアメリカでは4%どまりと言います。欧米では宝飾用といえば黄色は金、白はホワイトゴールドが一般的だということです。

ただし、ホワイトゴールドそのものの色は真っ白ではなく、シャンパンゴールドです。それにロジウムなど白い金属をメッキして白く見せています。そのため、長年使ってメッキが剥げると、傷んだ感じが見え見えになると言う欠点はあるそうです。その点、プラチナ製はメッキが剥げる心配はありません。

●プラチナのダイヤモンドリング

Chapter.7 化学的貴金属の種類と性質

SECTION 47

ルテニウム Ru

宝石店に行くと、宝飾品に使われている貴金属は金、銀、プラチナ、ホワイトゴールドの4種類です。

しかし、化学屋さんに尋ねると、貴金属として金、銀、プラチナに加えてルテニウム、ロジウムRh、パラジウムPd、オスミウムOs、イリジウムIrを挙げます。人によっては更に銅Cuと水銀Hgを加えることもあります。ホワイトゴールドはあげません。ホワイトゴールドは元素ではなく、合金だからです。

一般に貴金属は美しくて反応性に乏しく安定で、更に希少で高価という条件に適う金属をいいます。しかし、化学の場合には美しさ、希少性、まして価格は選考の基準になりません。銅と水銀はイオン化傾向が水素より小さいという基準で選ばれたものです。このような基準で考えると、周期表の第5、第6周期で8～11族の6元素、つまり白金族の元素は貴金属の条件に合致するのです。ルテニウムは金属元素の中で最も原子番号の小さい物です。

物理的性質

ルテニウムは暗い銀白色の金属です。耐腐食性が非常に高いのが特徴です。比重は12・37と貴金属として平均的です。融点は2310℃と大変高く、沸点も3900℃と最高クラスです。モース硬度は6と貴金属としては硬い方です。地殻での存在度は0・2ppbと大変に少ないです。

メッキ金属

暗い灰色と言う特色と高い耐腐食性を生かしてメッキ金属に使われます。色調がスズの合金であるピューターに似ているからです。ルテニウムは高価ですが、耐腐食性が高く、メッキ層を薄くすることができるので、コストとしてはそれほどかからないと言います。

触媒機能

化学的貴金属を含めた広い意味での貴金属のうち、金、銅、水銀を除いた貴金属は、各種の化学反応の触媒として現代化学に欠かせません。

なかでもルテニウムは有機化学における不斉合成の触媒として有名です。このルテニウム触媒を用いて天然物の不斉合性の研究をした野依教授は2001年にノーベル賞を受賞しました。次いで2005年にはグラブス教授がルテニウムの触媒するオレフィンメタセシスという反応の研究でノーベル賞を受賞しました。

ルテニウム触媒の研究はノーベル賞への近道だ、などとの冗談も飛ぶほどです。ルテニウムはハードディスクの磁性層にも使われ、記憶容量を増やすのに一役買っています。

●ハードディスク

SECTION 48 ロジウム Rh

ロジウムは銀白色の金属です。生産量は少なく、しかも一カ所に片寄って産出します。世界の総生産量の70％が南アフリカ一国で産出されます。

物理的性質

比重は12・41で貴金属としては平均的です。融点1966℃、沸点3727℃で共に高いです。モース硬度は4・7と軟らかめです。地殻での存在度は1ppbとプラチナと同程度です。

メッキ用金属

ロジウムの光反射率は銀に次いで高いです。そのため、各種金属のメッキによく使われます。銀の宝飾品の多くも硫化による黒変を防ぐためにロジウムメッキされています。しかし、ロジウムの価格は変動が大きいので、時にはメッキ代の方が高いと言うことになりかねません。

触媒機能

ロジウムの主な用途は触媒です。特にロジウム、白金、パラジウムとアルミニウムの合金は三元触媒と呼ばれ、車のエンジンの排ガス浄化にかかせません。

排ガスの中には一酸化炭素CO、窒素酸化物NOx（ノックス）、炭化水素の燃え残りCHが入っていますが、三元触媒はCOを二酸化炭素CO_2にし、CHを酸化してCO_2とH_2Oにします。さらに窒素酸化物NOxを分解して窒素N_2と酸素O_2にしてくれます。

このように素晴らしい働きをする三元触媒ですが、問題は価格です。ロジウム、白金、パラジウムと、三種の貴金属を含むのですから安くなるはずがありません。貴金属を用いない触媒の開発研究は精力的に行われていますが、実用化は先の様です。

SECTION 49

パラジウム Pd

パラジウムは銀白色の金属です。以前は水銀との合金であるアマルガムとして歯科治療で虫歯の穴に埋める材料として多用されました。しかし、水俣病などで水銀の毒性が知られるようになってからは用いられることが無くなりました。パラジウムは他の貴金属合金の割金としても用いられます。

物理的性質

比重12・02で貴金属として平均的です。融点は1554℃、沸点は3140℃とかなり高いです。モース硬度は4・75で金などに比べれば硬い方です。地殻での存在度は1ppbとプラチナと同程度です。

●水素吸蔵性

金属の中には水素ガスを吸収して溜め込む性質を持つ物があります。この様な金属を水素吸蔵金属と言います。もちろんスポンジ状に加工した金属ではありません。普通のピカピカした金属が水素ガスを吸収するのです。

金属が気体を吸収すると言うと不思議に思えるかもしれませんが、決してそのような事はありません。金属の表面は肉眼で見ればツルツルしていますが、原子レベルで考えれば凸凹だらけです。

金属結晶は先に見たよう球形の金属イオンが積み重なっています。リンゴ箱にリンゴを詰めればわかるように、リンゴとリンゴの間には大きな隙間が空いています。小さな水素原子はこの隙間に入り込むのです。

パラジウムは水素吸蔵能力の大きな金属であり、自分の体積の９００倍の体積の水素ガスを吸収することができます。この能力は水素ガスの運搬や貯蔵に用いることも可能です。

触媒機能

パラジウムのもう一つの能力は、プラチナと同様の触媒機能です。2010年度に二人の日本人化学者がノーベル化学賞を受賞しましたが、その研究テーマはクロスカップリングでした。一般にカップリング反応というのは2個の分子を結合する反応ですが、クロスカップリングは互いに異なる2個の分子を結合する反応です。

パラジウムは、この反応において2個の分子を結合する役割をするのです。今後、有機化学合成において大きな働きをするのは確実です。

SECTION 50

オスミウム Os

オスミウムは銀色の金属です。オスミウムの名前はギリシア語の「臭い」という言葉「osme」から付けられました。つまり、ニンニクのような匂いがするのです。貴金属にもいろいろあるということです。

物理的性質

比重は22・57と最大クラスに大きいです。融点3045℃、沸点5027℃というのも最高クラスです。硬度も7と、金属としては最も硬い物に属します。地殻の存在度は0・1ppbとプラチナの$\frac{1}{10}$です。

酸化剤

オスミウムは粉末にすると容易に酸化されて四酸化オスミウムOsO_4となります。これが臭い匂いを発するのですが金属酸化物としては例外的に沸点が低く、わずか131℃しかありません。そのため、常温でも揮発して気体となるために匂うのです。

しかし、オスミウムは毒性が非常に強いので、オスミウムの匂いがハッキリとわかるような濃度の環境に長くいると、失明か落命という大変なことになります。

四酸化オスミウムは有機合成化学では欠くことのできない強力な酸化剤です。ま

●万年筆のペン先

た自身が酸化剤として働かなくても、酸化反応の触媒として働きます。

万年筆のペン先

オスミウムは貴金属とはいうものの、化学的な意味だけであり、この様な臭い物は宝石店に似合いません。そのようなオスミウムの出番と言うのは酸化剤以外には、万年筆のペン先か、レコードの針くらいのものです。

SECTION 51 イリジウム Ir

イリジウムは銀白色の金属です。全ての金属の中で最も腐食しにくいものとされています。イリジウムの主な用途は自動車の点火プラグです。

●物理的性質

比重22・56は全元素中最大クラスです。融点2410℃、沸点4130℃も最高クラスです。硬度も6・5と金属としては相当固い方です。地殻での存在度は0・1ppbとこれまた最高に少ない方です。

●キログラム原器

現在、長さの基準は原子の照射する光の波長で定義されています。将来、科学がいくら進歩しても、正確に測定すれば良いだけですから、長さの基準は永久に不変ということができるでしょう。

ところが、重さの基準は人間が勝手に作ったキログラム原器の重さが担っています。もしかしてキログラム原器の一部が揮発して無くなったり、酸化して重くなったりしたら、重さの基準が狂ってしまいます。ということで、これも原子の重さを基準にしようと言う動きが出ています。しかし、目下のところは相変わらず100年以上も前に作られたキログラム原器が基準になっています。

●キログラム原器

このキログラム原器の素材が約90％の白金と約10％のイリジウムでできているのです。イリジウムがそれだけ腐食されにくい元素と考えられている証です。

ところが2003年に百数十年ぶりに原器の重さを計ったところ、数十マイクログラム減少していたといいます。これは全女性の名目上の体重が増えたことを意味し、本当は由々しいことなのですが、どこかから苦情が来たとの話は聞こえてきません。

SECTION 52 銅 Cu

銅は赤い色をしているため、昔の日本では赤がねと呼ばれました。世界史の区分にもなっている青銅器時代は銅の合金にちなんだものです。銅は貴金属ではありませんが、金、銀に次ぐ三番目の地位にある金属としてオリンピックの3位に与えられるメダルの原料となっています。

●物理的性質

銅は比重が8・96と鉄(7・8)より重いですが銀(10・50)や金(19・32)よりは軽いです。融点は1084℃、沸点は2567℃と、これもまた普通の金属並みです。モース硬度は3・0と相当に軟らかいです。

高い電気伝導度と熱伝導度を持ち、導線や調理器具によく使われます。地殻の存在度は75ｐｐｂと大きく、たしかに貴金属になれないだけのことはあります。

合金

銅の特色の一つは多彩な合金を作ることができるということです。これらの合金の中には貴金属と見間違えるものがあります。

❶ 青銅

銅とスズの合金で、英語ではブロンズです。ブロンズは奈良の大仏のようにチョコレート色ですが、錆びると鎌倉の大仏のように青くなるので日本では青銅

●鎌倉の大仏

と言います。ただし、銅とスズの割合によっては白くも金色にもなると言います。青銅器時代の兵士は金色に輝く刀をなびかせて戦っていたのかもしれません。

❷ 砲金（ほうきん）

青銅のうち、銅90％、錫10％程度の組成のものを砲金ということがあります。鋳造が容易で、粘り（靭性）があり、耐磨耗性や耐腐食性にも優れことから大砲の砲身に利用されました。金色の金属です。

❸ 真鍮（しんちゅう）

黄銅とも言います。銅と亜鉛Znの合金で磨くと金のように輝く美しい金属です。英語でブラスといいます。管楽器の合奏団をブラスバンドと言うのは、ブラスでできた楽器のバンド（楽団）という意味です。硬貨にも使われます。

❹ 白銅

銅とニッケルNiの合金です。白くて美しい金属で磨くと銀のようです。フルートなど、ブラスバンドで使う銀色の楽器の多くは白銅製です。硬貨にも使われます。

❺ 洋銀

銅とニッケル、亜鉛の合金です。銀白色で、かたく錆びにくいので、銀の代用品として使われます。電気抵抗が大きいので電気抵抗線としても使われます

❻ 殺菌性

金属銅には殺菌性があります。シンクに置く三角コーナーを銅製にすると、細菌の繁殖によるヌメリを防ぐことができます。銅の合金が硬貨に使われるのは殺菌効果を期待したものだとも言われます。

銅が錆びると緑色の緑青(ろくしょう)になります。かつては、緑青は非常に有害だと言われましたが、現在では緑青は全く無害の物質であることがわかっています。

SECTION 53

水銀 Hg

水銀は美しくて恐ろしい金属です。液体で、掌でキラキラとまるで小さな動物か妖精のように動き回ります。その一方で、水俣病の原因になって多くの人を不幸に陥れました。

物理的性質

比重は13・56とかなり重いです。融点はマイナス38℃で室温では液体であり、沸点も356・6℃と大変に低いです。地殻での存在度は50ppbとそこその量があります。以前は体温計に使われました。蛍光灯や水銀灯は水銀原子による発光ですから、蛍光灯の中には金属の水銀が入っています。水銀の有毒性のため、現在は蛍光灯や水銀灯の廃棄に規制が掛かっています。

先に金の項で見たように水銀は金を溶かしてアマルガムと言う合金にし、それを使った金メッキの材料として多用されてきました。その意味で金の相棒のような関係にあります。

水俣病

1960年代、熊本県の水俣（みなまた）湾沿岸におかしい現象が現われました。ネコが千鳥足で歩くのです。そのうちお年寄りも同じ症状になり、ろれつが回らなくなる人も現われました。調べたところ、水銀中毒でした。原因は沿岸にあった化学肥料会社が無機水銀廃液を湾に投棄していたのです。

この無機水銀をプランクトンが食べて有機水銀に換え、それを小魚が食べて濃縮し、と言うように生物濃縮を繰り返して最後にネコや人間の口に入り水銀中毒になったのです。この事件は第一水俣病といわれ、日本の四大公害の一つとされています。ちなみに四大公害のもう一つも第二水俣病であり、発生したのは新潟県でしたが、全く同じ症状と原因のものでした。

それ以来、水銀は怖ろしい毒物だと言う意識が私たちに植え付けられたのでした。

コラム 不老不死の薬

水銀で特筆すべきは、歴代中国皇帝との関係です。中国皇帝は昔から不老不死を信じてその薬を探し求めてきました。その皇帝が注目したのが水銀です。水銀の液滴は銀色にキラキラ輝きます。そして表面張力が大きいので掌にのせると丸い球になり、蓮の葉の上の水滴のように休むことなく動き回ります。そのさまはまさに「生きている」ようです。

ところがこの水銀を加熱すると黒い酸

●水銀

化水銀の固体となります。輝きもしなければ動きもしません。まさに「死んだ」ようです。ところがこの酸化水銀を更に加熱すると分解して、元の水銀になって輝いて動き出します。「生き返った」のです。死からの再生です。ということで皇帝たちは水銀に不老不死を見たのです。そこまでなら単なる感傷で問題は無いのですが、そこからが大変なことです。この様な不老不死の水銀を飲んだらオレも不老不死になれるだろうと思い、歴代の皇帝たちはせっせと水銀入りの妙薬を飲み続けたのです。その結果、肌の色は土色になり、声はしわがれ、怒りっぽくなりということで、まさしく「人間を離れて神に近づいた」ようになりました。喜んだのは仕える宦官たちです。廃人になった皇帝は適当に崇めておいて、自分たちのやりたい放題の国政を敷くことが出来たのです。

中国皇帝の生活は克明に記録されています。現代の眼でその記録を見ると、誰と誰、と言うように、水銀中毒の皇帝を名指しできるといいます。水銀こそは、皇帝に愛された貴金属ということができるのかもしれません。

SECTION 54

ピューター

ピューターはスズと鉛Pbあるいはアンチモンsbの合金で、元素ではありません。ですから、ここで扱うのは場違いです。しかし、ヨーロッパでは昔から食器として大切に扱われてきました。日本でもシロメと呼ばれ、盃や徳利として主に酒器に使われてきました。また、アメリカのフィギュアスケート選手権では一位金、二位銀、三位銅に次いで四位にピューターのメダルが与えられるといいます。その意味で準貴金属程度には値するのではと思い、ご紹介する次第です。

物理的性質

昔のピューターはスズに少量の鉛を加えた合金でしたが、鉛の有害性が明らかになってからは93％のスズに7％のアンチモンを加えた物が標準的なピューターとなっています。ピューターは融点が250℃と大変に低く、しかも液体から固体に凝固するときにわずかながら膨張すると言う性質があります。これは珍しい性質ですが、水もこのような性質を持っています。

このニつの性質のため、ピューターは鋳物に使いやすく、しかも鋳型の隅々にまで金属が行き渡り、鋳型の形が克明に写し取られます。かつてグーテンベルグが活版印刷を発明した時に、活字を作るための意見を聞いたのがピューター職人だったと言います。

現在ではピューターは食器のほか、各種フィギュアの素材として幅広く利用されています。ドイツ製やタイのロイヤルセレンゴールの製品が良く知られています。

●ピューター製品

あ行

か行

さ行

ま行

や行

ら行

わ行

た行

な行

は行

■著者紹介

齋藤　勝裕（さいとう　かつひろ）

名古屋工業大学名誉教授、愛知学院大学客員教授。大学に入学以来50年、化学一筋できた超まじめ人間。専門は有機化学から物理化学にわたり、研究テーマは「有機不安定中間体」、「環状付加反応」、「有機光化学」、「有機金属化合物」、「有機電気化学」、「超分子化学」、「有機超伝導体」、「有機半導体」、「有機EL」、「有機色素増感太陽電池」と、気は多い。執筆暦はここ十数年と日は浅いが、出版点数は150冊以上と月刊誌状態である。量子化学から生命化学まで、化学の全領域にわたる。更には金属や毒物の解説、呆れることには化学物質のプロレス中継?まで行っている。あまつさえ化学推理小説にまで広がるなど、犯罪的?と言って良いほど気が多い。その上、電波メディアで化学物質の解説を行うなど頼まれると断れない性格である。著書に、「SUPERサイエンス 知られざる金属の不思議」「SUPERサイエンス レアメタル・レアアースの驚くべき能力」「SUPERサイエンス 世界を変える電池の科学」「SUPERサイエンス 意外と知らないお酒の科学」「SUPERサイエンス プラスチック知られざる世界」「SUPERサイエンス 人類が手に入れた地球のエネルギー」「SUPERサイエンス 分子集合体の科学」「SUPERサイエンス 分子マシン驚異の世界」「SUPERサイエンス 火災と消防の科学」「SUPERサイエンス 戦争と平和のテクノロジー」「SUPERサイエンス 「毒」と「薬」の不思議な関係」「SUPERサイエンス 身近に潜む危ない化学反応」「SUPERサイエンス 爆発の仕組みを化学する」「SUPERサイエンス 脳を惑わす薬物とくすり」「サイエンスミステリー 亜澄錬太郎の事件簿1　創られたデータ」「サイエンスミステリー 亜澄錬太郎の事件簿2　殺意の卒業旅行」「サイエンスミステリー 亜澄錬太郎の事件簿3　忘れ得ぬ想い」「サイエンスミステリー 亜澄錬太郎の事件簿4　美貌の行方」「サイエンスミステリー 亜澄錬太郎の事件簿5［新潟編］撤退の代償」（C&R研究所）がある。

編集担当：西方洋一 ／ カバーデザイン：秋田勘助（オフィス・エドモント）
写真：©belchonock - stock.foto

SUPERサイエンス
貴金属の知られざる科学

2020年1月6日　　初版発行

著　者　齋藤勝裕
発行者　池田武人
発行所　株式会社　シーアンドアール研究所
新潟県新潟市北区西名目所 4083-6（〒950-3122）
電話　025-259-4293　　FAX　025-258-2801
印刷所　株式会社　ルナテック

ISBN978-4-86354-296-9 C0043

落丁・乱丁が万が一ございました場合には、お取り替えいたします。弊社までご連絡ください。